U0953552

新型职业农民科技培训教材

粮油作物优质高产栽培技术

主　编　牟锦毅
编　写　刘代银　樊雄伟　赵玉庭　黄玉碧
乔善宝　梁南山　李育明　卢学兰
梁远发　唐祖奎　吴德芳　刘基敏
曾孝平

电子科技大学出版社

图书在版编目（CIP）数据

粮油作物优质高产栽培技术 /《新型职业农民科技培训教材》编委会编. —成都：电子科技大学出版社，2012.7（2023.11重印）
新型职业农民科技培训教材
ISBN 978-7-5647-1247-1

Ⅰ. ①粮… Ⅱ. ①新… Ⅲ. ①粮食作物－高产栽培－技术培训－教材②油料作物－高产栽培－技术培训－教材 Ⅳ. ①S504

中国版本图书馆CIP 数据核字（2012）第153218 号

新型职业农民科技培训教材

粮油作物优质高产栽培技术

《新型职业农民科技培训教材》编委会　编

出　　版： 电子科技大学出版社（成都市一环路东一段159号电子信息产业大厦 邮编：610051）
策划编辑： 辜守义
责任编辑： 辜守义
主　　页： www.uestcp.com.cn
电子邮箱： uestcp@uestcp.com.cn
发　　行： 新华书店经销
印　　刷： 郫县犀浦印刷厂
成品尺寸： 130mm×195mm　**印张** 7.125　**字数** 154 千字
版　　次： 2012 年 7 月第一版
印　　次： 2023 年 11 月第十次印刷
书　　号： ISBN 978-7-5647-1247-1
定　　价： 13.50 元

新型职业农民科技培训教材

编委会

编者的话

为贯彻落实中央1号文件和全国农业科技教育工作会议精神，加快培育新型职业农民，推进现代农业发展，保障国家粮食安全和主要农产品有效供给，“以传播农业知识，提高农民素质，促进农业生产，增加农民收入”为宗旨，我们组织有关职业技术院校的涉农专业教师和长期从事农业技术推广工作的资深专家，编写了这套具有较强针对性和实用性，又便于农民朋友学习、提高的培训教材，供各地开展新型职业农民培训时选用。

该套教材采用了国家最新标准、法定计量单位和最新名词、术语，并注重行业针对性和实用性，力求做到内容浅显易懂、图文并茂，让农民朋友易于学习、掌握。该套教材共涵盖种植、养殖、加工、农产品安全等四个大类，共20多种，是目前国内同类教材中最新的一套培训系列教材。

由于编写时间较为仓促，教材中难免存在不足和错误，诚望各位专家和广大读者批评指正。

《新型职业农民科技培训教材》编委会

2012年7月

目　录

第一章 优质稻

水稻是四川主要的粮食作物，常年种植面积3000万亩左右，总产量占全年粮食总产的46%。在保证稻谷总量供给的同时，大力发展优质稻，提高稻米市场竞争力，重点抓好食用稻谷的优质化，是四川水稻生产的发展趋势。

第一节 优质稻概述

一、优质稻的含义

通常人们所说的优质大米是指具有良好的外观、口感好以及营养品质较优的大米。大米的品质由大米的碾米品质、蒸煮及食用品质、贮藏加工品质、营养品质和卫生品质五个方面构成，一般通过如下指标来评价：

1. 糙米率

即稻谷脱去颖壳（谷壳）后所得糙米籽粒的质量占样本净稻谷质量的比率。

2. 精米率及整精米率

精米率是指脱壳后的糙米碾磨成精度为国家标准一等大米时，所得精米的质量占样本净稻谷质量的比率。整精米是指糙米碾磨成精度为国家标准一等大米时，米粒产生破碎，其中长度仍达到完整精米粒平均长度的五分之四以上（含五分之四）的米粒。整精米率是指整精米质量占净稻谷试样质量的百分率。精米率和整精米率是衡量稻米商品价值的重要指标。

3. 粒长及粒形

粒长是指完整无破损精米籽粒两端间的最大距离，以毫米为单位。通常根据粒长把稻米分为长粒型（大于6.5毫米）、中粒型（5.6~6.5毫米）和短粒型（小于5.6毫米）三类。粒形指稻米籽粒的形状，通常以长宽比即整精米的长度和宽度之比来表示，分为细长（大于3.0毫米）、中等（2.1~3.0毫米）、粗（1.1~2.0毫米）、圆（小于或等于1.1毫米）4级。粒长和粒形与稻米的整精米率有十分密切的关系。

4. 垩白率和垩白度

垩白是米粒中淀粉粒排列疏松，其间存在空隙的组织，包括心白、腹白和背白。垩白率是指垩白米粒占样本总粒数的百分比；垩白度指垩白的大小，即垩白面积总和占样本米粒投影面积的百分比。垩白率和垩白度是稻米外观品质和商品价值中十分重要的经济性状，它们的值越大，稻米的商品价值就越低（特种米可能例外）。

5. 白度

整精米籽粒呈白的程度，可由白度计测量求得，共分5级，分别是1级（大于50.0%）、2级（47.1%～50.0%）、3级（44.1%～47.0%）、4级（41.1%～44.0%）、5级（小于41.1%）。

6. 透明度

指整精米籽粒的透明程度，可用仪器测量样本稻米的相对透光率求得。

7. 阴糯米及阴糯米率

阴糯米是指糯稻中胚乳透明或半透明的糯米颗粒。阴糯米率是指整精糯米中阴糯米粒占整个米样粒数的百分率。

8. 直链淀粉含量

指精米中直链淀粉的含量占稻米干基的百分比。直链淀粉含量较高的大米，蒸煮时需水量较大，米粒的膨胀性较好，即通常说的饭多，但饭的黏性较低，柔软性差，饭冷后质地生硬。

9. 糊化温度

指稻米淀粉颗粒在热水中受热产生不可逆膨胀（糊化），双折射现象消失时的温度。煮饭所需的时间与糊化温度呈正相关。糊化温度低的稻米，蒸煮时所需的温度较低，需水少且蒸煮时间短，饭易糊烂；糊化温高的稻米所需蒸煮温度较高，吸水量大且蒸煮时间长。这两种类型的大米都不好，而中等糊化温度的大米最受消费者喜爱。

10. 碱消值

指碱液对整精米粒的浸蚀程度。碱消值大小可间接表示稻米糊化温度的高低，碱消值越大，糊化温度越低。

11．胶稠度

稻米粒在热碱液中糊化成糊胶，经冷却平置后，糊胶所延伸的长度，以毫米为单位。胶稠度对米饭的食味品质有影响。

12．蛋白质含量

糙米中蛋白质占稻米干重的百分含量。

二、优质稻的类型

我国的优质稻品种较多，根据栽培稻分类有籼稻、粳稻、糯稻三种类型。

1．籼稻

属籼型非糯性稻，根据栽培种植季节和生育期，又可分为早籼稻、中籼稻和晚籼稻。这种类型的优质稻品种较多，如四川的宜香3728、内香2550等，湖南的湘早籼18、湘晚籼6号，云南的滇屯502，广东的胜泰1号。

2．粳稻

属粳型非糯性稻，按种植季节和生育期也可分为早粳稻、中粳稻和晚粳稻。这类型的优质稻主要产于中国长江以北稻区，著名的如东北珍珠米就由东北粳稻加工而成；四川凉山州和攀枝花市的高海拔冷凉稻区有一定的种植面积，如凉山州的冕粳147、合系39等。

3．糯稻

属糯性稻，包括籼糯稻和粳糯稻，这类型的优质稻品种也较多，如凉山州的凉粳2号及湖北的鄂糯1号及浙糯2号等。

三、优质稻的标准和分级

根据中华人民共和国国家质量技术监督局1999年11月1日颁布实施的《主要粮食质量标准》，（见表1）优质食用稻分为一级、二级、三级共三个等级，以整精米率、垩白度、直链淀粉含量、食味品质为定级指标，应达到表1规定；不完善粒、异品种粒、黄粒米、杂质、水分、色泽、气味按GB1350（国家稻谷质量标准）规定执行；其余指标如有两项以上指标不合格，但不低于下一个等级指标的，降一级定等；任何一项指标达不到三级要求时，不能作为优质稻谷。

表 1 **优质稻分级标准**

类别	等级	出糙率(%)	整精米率(%)≥	垩白粒率(%)≤	垩白度	直链淀粉(干基)(%)	食味品质分≥	胶稠度(毫米)≥	粒型(长宽比)≥	不完善粒(%)≤	异品种粒(%)≤	黄粒米(%)≤	杂质(%)≤	水分(%)≤	色泽气味
籼稻谷	1	79.0	56.0	10	1.0	17.0～22.0	9	70	2.8	2.0	1.0	0.5	1.0	13.5	正常
	2	77.0	54.0	20	3.0	15.0～16.9 或 22.1～24.0	8	60	2.8	3.0	2.0	0.5	1.0	13.5	正常
	3	75.0	52.0	30	5.0	13.0～14.9 或 24.1～26.0	7	50	2.8	5.0	3.0	0.5	1.0	13.5	正常
粳稻谷	1	81.0	66.0	10	1.0	15.0～18.0	9	80	—	2.0	1.0	0.5	1.0	14.5	正常
	2	79.0	64.0	20	3.0	13.0～14.9 或 18.1～20.0	8	70	—	3.0	2.0	0.5	1.0	14.5	正常
	3	77.0	62.0	30	5.0	11.0～12.9 或 20.1～22.0	7	60	—	5.0	3.0	0.5	1.0	14.5	正常
籼糯稻谷	—	77.0	54.0	—	—	≤2.0	7	100	—	5.0	3.0	0.5	1.0	13.5	正常
粳糯稻谷	—	80.0	60.0	—	—	≤2.0	7	100	—	5.0	3.0	0.5	1.0	14.5	正常

四、优质稻的田间肉眼评鉴

田间肉眼直观评鉴稻米的品质，主要根据米粒的外貌以及一些与米质相关的性状，如谷壳的厚度、稃尖的颜色、谷粒的大小和形状、透明度、垩白及爆腰等来评鉴稻米的碾米、外观品质，一般不能直接评鉴稻米的营养、食味品质。

谷壳厚的品种，一般糠层占的比重大，出糙率低；稃尖或柱头为黑色或紫色的品种，米质较差。米粒的大小和形状（长宽比）因稻谷类型和品种差异较大，粗长的米粒精碾时较易破碎，而细长米粒的精米率和整精米率都较高。在中国，粳稻米粒通常以短圆形为佳，籼稻米一般以细长粒形为好，它们在精碾时不易破碎，出米率较高。

糙米纵沟的深浅是判断精米率高低的重要指标。剥开谷壳露出的糙米一般有五条纵沟，因品种的不同其深度差异较大，同一品种随成熟度加深而纵沟越浅。精碾时，纵沟深的，难以摩擦掉纵沟内的籽实皮，影响精米的外貌；沟浅的，胚乳部分受摩擦较少，因而精米率高。

稻米垩白的有无及大小也是评鉴稻米品质优劣的重要外观指标。垩白率和垩白度因品种不同有较大差异，宽粒品种或宽度较大的米粒容易产生腹白。垩白不但影响稻米的外观，而且垩白米在加工精碾时碎米率高，煮饭易胀裂，因而不受消费者欢迎。

米粒强度与整精米率有关。米粒强度是指米粒承受压力和剪切折断力大小的能力。米粒强度与品种、米粒饱满程度、胚乳结构松散程度、水分含量等有关，透明度大的米粒其强度比不透明的粉质米粒大，粳稻米粒强度比籼稻大，晚稻比早稻大，水分含量低的比水分含量高的大，垩白大的米粒强度小。米粒强度大，出米率和整精米率就高。

第二节 影响稻米品质的主要因素

稻米品质的优劣是由多方面的因素决定的，归纳起来可分为遗传因素（品种）和非遗传因素（土壤、肥料、水分、农药等）两大类。

一、遗传因素对稻米品质的影响

遗传因素是基因对品质优劣的控制，表现在不同的品种之间米质的差异性，和同一品种的亲子代之间的相对稳定性，它对稻米品质起决定作用。生产上需选用经过审定且生育期适宜、抗病力强的优质高产品种。

二、温度对稻米品质的影响

温度对稻米品质的影响是多方面的：

1. 温度对稻米外观品质的影响

开花至成熟阶段的高温可显著缩短成熟天数，导致成熟后糙米充实不良，垩白大，胚乳透明度低，籽粒不饱满，精米率和整精米率均低，米粒无光泽。成熟期的有效积温与米粒的透明度为负相关关系。

2. 成熟期的高温对蛋白质、氨基酸的含量有明显的影响

成熟期的高气温（30℃）能提高蛋白质含量，变幅可达5.6%～16.5%，而较低的气温（17℃）则使蛋白质含量降低。灌浆期的高水温（30℃）能明显提高蛋白质含量，低水温（17℃）对蛋白质含量的影响不明显。温度对氨基酸的合成表现在高温使氨基酸的总含量降低，适宜温度为日温28℃，夜温21℃左右。

3. 稻米的直链淀粉含量也受温度的影响

直链淀粉含量极低的品种，其直链淀粉含量受温度的影响小，而直链淀粉中等含量或高含量的品种，其直链淀粉含量受温度的影响大。高直链淀粉含量品种在高温和自然温度下是高直链淀粉含量，而在适宜温度下直链淀粉含量会下降到中等，从而提高品质；中等直链淀粉含量的品种，其直链淀粉含量下降幅度更大。为什么相同品种的杂交中稻米的适口性普遍不如其再生稻米，可能与灌浆期间的温度差异导致稻米直链淀粉含量变化有关。粳稻的直链淀粉含量随平均温度的升高而下降。

4. 温度对大米的蒸煮食用品质也有明显的影响

据研究，灌浆期间气温高，糊化温度升高，胶稠度变硬。灌浆结实期间气候凉爽，则米饭香味较浓，反之则较淡。优质水稻品种要求深泥田，前期气温较高（21℃～38℃），后期温度较低（15℃～28℃）。

三、光照强度对稻米品质的影响

优质稻生育后期光照不足会影响光合作用，特别是

在营养生长过旺、田间阴闭、通风透光不良的情况下，则垩白米发生会增多。但光照太强，温度相应提高，使成熟过程缩短，也会增大垩白率。此外，光照强度过强和过弱都会降低蛋白质含量。

四、施肥对稻米品质的影响

在各种肥料中，影响稻米品质最为突出的是氮肥。生育中期控氮，可提高米质。在抽穗期施用氮肥，不仅能降低垩白率，还可有效地提高蛋白质含量；齐穗期施氮，不仅可以推迟垩白出现的时间，降低垩白率和垩白度，还是提高糙米蛋白质含量的有效措施，提高的幅度为8%～24%。但是，研究表明，稻谷蛋白质含量过多的提高将导致稻谷产量的降低，因此，在生产上也不能单纯地追求蛋白质含量的提高而偏施氮肥。此外，施肥还可以影响稻米的食味品质。据研究，基肥不影响食味，但追肥有明显的影响；粒肥在增加蛋白质含量的同时，也使食味品质显著降低（蛋白质含量和食味品质为负相关关系）；穗肥不一定能使蛋白质含量增加，但能使米饭食味明显下降。

五、水分及土壤类型对稻米品质的影响

据研究，土壤水分减少，糙米中蛋白质含量增加，陆稻蛋白质含量一般比水稻高出约30%；在糙米的无机成分中，磷、钾、镁、锰的含量均因水分下降而减少，下降最多是锰。土壤质地对米饭食味的影响表现在冲积土壤生产出来的稻米食味好，灰褐色土壤的壤土型所生产的稻米食味也较好。

六、一些栽培技术措施对稻米品质的影响

研究表明，栽插密度对直链淀粉含量有明显的影响，随着密度降低，单穴营养面积变大，直链淀粉含量呈增加趋势，而对蛋白质含量影响较少；抽穗后排水落干，能有效提高蛋白质的含量；稻米的蛋白质含量随收获期的推迟而略有提高，尤其以抽穗后20~30天这一阶段提高最显著。收获期及收割方法与稻米品质有很大的关系，越接近成熟收割，稻米直链淀粉和蛋白质含量越低。过早收获食味差，过迟收获因淀粉崩解值降低，稻谷因干燥或淋雨穗发芽等也导致食味差。此外，过早或过迟收获还会增加裂纹米。

七、农药对稻米品质的影响

农药对稻米品质的影响主要表现在对稻米卫生品质的影响。卫生品质是指稻米被农药、化学物品等污染的程度。在生产过程中，防病灭虫喷洒的农药、田间除草使用的除草剂被水稻吸收进体内，收获后残留在米粒中，如果农药施用量大，施用时期不合理，方法不当，就会对大米造成污染，农药残留量超过规定的标准，会对人体造成危害。

第三节 优质稻的栽培管理

一、选用优质高产良种

稻米的品质主要是由遗传因素即品种决定的，而且品种对产量起着十分重要的作用。但是，生产实践表明，现有品种中，产量高的往往品质较差，而品质好的品种产量又较低，如杂交优质稻的产量潜力普遍较常规优质稻大，但二者的品质往往相反。此外，品种不同，其抗病性、丰产性、适应性也存在差异。因此，在选用品种时，要根据当地的经济条件和生态条件选择适合当地的优质水稻品种。

二、科学确定保优栽培方案

稻米的品质是遗传和环境的统一的表现，遗传是高产的基础，而环境又影响它的表现。根据研究已经知道，气象因素、土壤质地、土壤水分、肥料、农药及栽培管理措施对稻米的品质和食味都有影响。

同一优质稻品种在不同的季节生产出来的稻米可能是不同的等级；不同的栽培密度会造成直链淀粉含量的差异；不同的施氮水平会影响蛋白质含量的高低；土壤类型选择不当，对米饭的食味也有影响。同时，不同的优质稻品种由于种性不同而要求不同的栽培密度；同一优质稻品种，由于季节不同，要求的密度也不同；氮肥分配比例随品种的种性及季节而变化。因此，必须针对一个特定的优质稻品种，确定该品种的最佳保优栽培方案。

三、落实保优栽培措施

根据优质稻的特性与栽培措施的关系，本着优质、高产、卫生的要求，应掌握如下一些共通的栽培措施。

1. 适期播种，稀播匀播，培育壮秧

适时播种、适时移栽是夺取优质稻高产的关键。播种期安排要重点考虑抽穗扬花—灌浆结实期的温度条件。根据四川省各地实际，在确定播期时，盆南稻区要适时早播，于2月底3月上旬播种，盆西稻区于3月下旬至4月上旬播种，盆中（东）丘陵稻区于3月中、下旬播种，要使灌浆结实期错过高温伏旱天气，避免高温逼熟造成减产和品质低劣。

稀播匀播、培育壮秧是搞好优质高产栽培的关键措施之一。壮秧的标准为：根旺而白，基部粗扁，苗健叶绿不披垂，秧龄、叶龄适当，均匀整齐。旱育壮秧和抛秧具有早生快发、无明显返青期、有效分蘖率高、抗性强、结实率高等特点，因此，优质稻生产最好采用旱育秧和抛秧。旱育秧的播种量以每平方米苗床播杂交稻芽谷180~200克育小苗，80~90克育中苗，40~50克育大苗；抛秧按每平方米秧盘播粉嘴谷200克育小苗，150克育中苗，100克育大苗。播种时用精播器播种，使播种均匀，抛秧盘每孔1~2粒种谷。此外，可用“旱育保姆”、“壮秧剂”等简化传统的旱育秧和抛秧的育秧程序，一次性实现床土消毒、调酸、化控和培肥，达到培育壮秧的目的。

2. 合理安排种植密度，适当稀植

水稻种植密度对稻米品质有较大的影响。在肥力保证的前提下，适当稀植，增加通风透光条件，增加单株营养面积可以提高精米率、整精米率，降低垩白率。在四川盆地“寡日照、高湿度、小温差”的生态条件下，实行宽行窄株条栽或三角形稀植栽插方式，栽植行向以东西向为好；优质杂交稻栽插密度比一般杂交稻每亩（667 平方米）可少植 500～1000 窝，抛秧根据苗龄大小，亩抛 1.5 万～1.8 万窝，优质常规稻以每亩基本苗 10 万～14 万苗为宜。对于株形紧凑、适于密植的品种可适当增加密度。

3. 多施有机肥，控氮增磷钾

施肥的基本原则是多施有机肥，控氮增磷钾。中等肥力的田块，每亩施纯氮 8～10 千克，配施磷钾肥。基肥以有机肥为主，每亩施绿肥 20～30 担或厩肥 40～60 担，尿素 10～12 千克，过磷酸钙 25～30 千克，氯化钾 10～12.5 千克；分蘖肥亩用尿素 8～10 千克，幼穗分化期及孕穗期看苗施肥；灌浆结实期用尿素进行根外追肥效果较好。

4. 科学排灌，搞好水浆管理

水浆管理对提高优质稻的产量和品质具有十分重要的作用。优质稻生产前期的水浆管理旨在减少无效分蘖并减少主穗与分蘖穗之间的差距，为提高稻米的品质打下基础。后期的灌排措施是要提高根系活力，进而提高品质和产量。因此，分蘖期要求浅水促蘖，分蘖后期早育稀植的优质杂交稻宜适当晒田，不宜重晒，优质常规稻及抛栽的优质杂交稻宜够苗重晒，减少无效分蘖并增强稻株抗倒能力；幼穗分化期、抽穗期和灌浆期要浅水灌溉，不宜断水过早，干旱季节要灌水防旱，以免脱水过早影响稻米的外观品质和蒸煮食用品质；灌浆成熟期要做到干湿壮籽；蜡熟期排水晒田，促进成熟；收割时，做到田间无水，以免稻谷浸泡在水中影响米质。

5. 综合防治病虫害

优质稻生产一方面要尽量减少病虫对稻株和谷粒的危害，以提高稻米的饱满度、精米率，减少垩白度，另一方面要减少农药用量，严格控制毒性高、残留期长的农药品种，保证稻米的卫生品质。为此，防治上应坚持以农业防治为主的综合防治策略（1PM），具体措施：一是要选用抗病良种；二是要搞好田间肥水管理；三是要搞好病虫测报；四是科学选用农药并改进用药方法，改叶片喷雾为主为稻田农药深施或根区用药为主，叶片喷雾为辅。

6. 及时收获，防止曝晒

及时收获可以防止稻米内部的结构发生变化，是优质稻生产的重要环节。中稻成熟后期温度高，如不及时收获，不仅会使垩白增大，影响精米率，而且还会导致糊化温度升高及胶稠度变硬。如遇阴雨天气而不及时收获，将使稻谷含水量过高，导致裂纹米增多，精米率下降。及时收获还要避开雨天，否则会引起稻谷高温发热或发酵变色。此外，优质稻谷的适时收获还要考虑成熟度，一般稻谷含水量19%～21%时已充分成熟，此时收割出米率和精米率都较高，而且香味最好。收割后要及时干燥。在有露水或细雨的情况下收割或采取不适当的干燥方法，会引起米粒产生裂纹，并引起真菌感染和真菌毒素的污染。在强烈阳光下高温曝晒，会使稻米发生横纹，降低精米率。因此要改强烈阳光曝晒为阴干、风干或间歇晒谷，防止稻米发生断裂，提高整精米率。有条件的地方，实行机械干燥效果更好。

第四节 优质稻谷的贮藏、加工与优质稻米的食用

一、优质稻谷的贮藏

贮藏期间的管理和贮藏条件的好坏，将影响稻谷品质。不良的贮藏条件会降低整精米率，使谷粒胶体粒子凝结，胶稠度变硬，其他品质性状也会降低。而良好的贮藏条件则可以稳定稻米的质量。贮藏时，首先要把好含水量关，稻谷的含水量应控制在13.5%以下，贮藏期间要翻晒2～3次，使含水量保持在标准含水量以下；其次，可以采取适当措施降低贮藏环境中的温度和湿度，使种子内部的代谢活动处于低水平状态；再就是要积极防治仓库内的害虫和微生物。

二、优质稻谷的加工

稻米的消费形式主要是精米。一般的稻米加工是借助机械作用，逐渐剥除籽粒表面的谷壳、果皮、种皮、

糊粉层等糠皮部分。稻米加工过程中原则上要求在改善稻米的外观品质和食味品质的同时，尽可能保持稻米自身的营养成分。优质稻米的加工比常规大众化稻米的加工技术要求更高，过程更精细。它不仅要求良好的外观品质，包括米粒透明、无腹白、心白、整精米率高，而且要求蒸煮食用品质好、营养价值高。这里简单介绍几种优质米的加工过程。

1. 特等米的加工

国家标准特等米是一种高精度、高质量的稻米，规定的加工精度标准为：背沟有皮、粒面米皮基本去净的米粒要求占85%以上。此外，特等米在纯度、整齐度、含碎率、水分和色泽等方面的标准也较高。具体要掌握好以下各个环节。

（1）原粮应选择籽粒饱满、成熟度高、角质度高的优质稻谷，透明的籽粒一般要求在85%以上，不完善粒、黄粒控制在1%以下，以当年生产的新鲜稻谷为佳。加工前做好清理工序，包括除杂、去石、除稗、磁选等，使原粮整齐一致、纯净。

（2）选用辊式喷风碾米机和擦离式碾米机组成碾米工序的主体，以降低碎米率，提高稻米整齐度和光洁度。

（3）认真清除中间产品糙米的沙石、谷壳、谷粒、稗、糠片等杂质，除去有色米粒。

（4）采用多机轻碾稻米工艺，通常采用二沙二铁和二沙一铁两种。

（5）合理调节头道和二道米机的去皮率。对质地坚硬、皮层松轻而又具有弹性的米粒，头道米机去皮率可为60%～70%，二道米机30%～40%；对于质地松脆、爆腰多的品种，则宜采用头道米机50%～60%和二道米机40%～50%的去皮率，第三道米机只起磨光的作用。

2．免淘洗米的加工

免淘洗米是一种高质量、高纯洁度、蒸煮前不需淘洗的大米，精度标准相当于特等优质米，其米粒表面有明显的光泽，并在贮藏期间保持光泽不退。除允许每千克免淘洗米含1粒沙石外，基本上做到无糠、无稗、无谷；不完善米含量少于20%；每千克免淘洗米成品中的黄粒米不超过5粒，成品中含碎米少于5%，并且不含小碎米。此外，免淘洗米应是无霉、无毒，符合中国粮食卫生标准GB2715—81的各项指标（表2）。

表2　中国粮食卫生标准GB2715—81

项　目	指标（毫克/千克）	项目	指标（毫克/千克）
马拉硫磷（以原粮计）	<8	砷（以原粮中As计）	<0.7
磷化物（以原粮中Ph3计）	<0.05	汞（以成品粮计）	<0.02
氰化物（以原粮中HCN计）	<5	六六六（以成品粮计）	<0.3
氯化物（以原粮计）	<2	滴滴涕（以成品粮计）	<0.2
二硫化碳（以原粮计）	<10	黄曲霉素B（以成品粮计）	<10

免淘洗米的生产工艺除了一般大米加工工序外，还增加了糙米精选分级去杂、多机碾白、分层碾磨、白米除糠上光等新工艺、新技术。其中白米上光是生产免淘洗米的关键工序，能使米粒透明，在米粒表面形成一层极薄的凝胶膜，产生珍珠光泽，使米外观晶莹如玉；同时可防止大米在生产、贮存、运输、销售各环节中米糠的黏附和米粉胶着，保证稻米清洁卫生，不用淘洗，并可提高贮藏性和保持新鲜度，提高稻米的食味品质。上光的方法一般是将大米与具有一定温度的上光剂均匀搅拌，然后在上光机内翻滚摩擦，使米粒表面光洁发亮，再经上光筛筛选分级，即可得到成品米。

三、优质稻米的食用

优质大米由于色泽晶莹，口感好，可制作成各种各样的食物品种，如：饭、粥、糕、团、粽、球、点心等。每种优质大米的食品制作方法都各具特色，有的还十分讲究。这里介绍几种食品的制作方法：

1. 大米饭

用优质大米蒸煮成的米饭，外观晶莹剔透、松散、不成团，剩饭加热后食味如一。优质米饭按其配料与蒸煮方法不同，可分为家常米饭、营养米饭和保健米饭三大类。

优质的家常米饭是指单纯用优质大米蒸煮而成的大米饭，其用料单一，制作简单方便。按照其蒸煮方法的不同，又可分为蒸饭、焖饭、蒸焖饭、煮焖饭等品种。

蒸饭：米淘洗后，放在碗、盆、罐或蒸桶中，加水上笼蒸熟。蒸饭具有饭粒清爽、营养成分保留多、火候和水量易掌握等特点。需要注意的是，针对优质米的性质，加水要适当，一般比普通米加水量要少些。蒸锅中放人大量水，用旺火烧开，一次蒸熟。

焖饭：米淘洗后放入锅中，加入适量的水，先用旺火烧沸，再用小火焖熟。焖饭的特点是饭粒柔软、口味香，常有锅巴生成，出饭率较低。做焖饭必须掌握好水量和火候，否则容易产生过软、过硬，甚至夹生、焦煳等现象。

蒸焖饭：米淘洗干净后滤出水分，上蒸笼用旺火蒸熟。出笼后趁热下入开水锅（水量要浸过米饭 5 ~6 厘米）焖煮，结成糊状，改用小火焖约十几分钟，使米粒发胀即成。蒸焖饭具有蒸饭和焖饭双重特点，柔软、清爽。

煮蒸饭：也叫捞蒸饭。其操作过程为先将米淘洗后放人热锅内用旺火煮，使水开米略有发胀时即行捞出，倒人蒸笼中，用旺火急汽蒸熟即成。

营养米饭是指用肉、鱼、蔬菜等与优质大米混合蒸煮而成的米饭，这类米饭以动物性和植物性原料弥补大米中某些营养物质不足的缺点，符合现代营养学的营养互补和营养平衡的原则，其营养丰富，风味各别，花色品种很多，如苏州的四喜肉菜饭、上海的猪油菜饭等。

保健米饭是指在大米中加入一些有药理作用的食物或药物一同蒸煮做成的米饭，也称药膳米饭。药膳米饭的种类也很多，如姜汁牛肉饭、参枣糯米饭、白术薏米饭、柿饼饭、白莲肉饭、白莲籽饭、猪肚饭等。

2. 方便米饭、方便米粥

方便米饭又称速煮米饭、即食米饭、干燥米饭等，它是以大米为原料，采用先进的生产工艺制作的一种米制品。食用时非常简便，一般只需加开水浸泡几分钟即可食用。

生产方便米饭的方法很多，但无论哪种方法，都需要加水蒸煮和脱水干燥。产品类型分为多孔性方便米饭和非多孔性方便米饭。比较简单的生产方法如下：挑选优质大米，认真清理去杂后，放人65℃的水中浸泡，使大米水分含量增加到23%～27%，捞出后汽蒸25分钟成熟米饭，再用168℃的热空气进行干燥，使水分迅速降至12%以下，然后添加适量的维生素，包装即可。目前，我国已有不少方便米饭品种，如上海生产的广东风味的猪肉煲饭、四川风味的咖喱鸡饭、鱼香肉丝饭、糯米赤豆饭等。

方便米粥与方便米饭相类似，经开水冲调后即可食用。生产的过程如下：先将大米用文火炒30分钟左右，使米粒内产生许多微孔，以便水渗透到米粒内部。然后把炒米放入开水中，用文火煮约32分钟，使之糊化膨胀成饭粒后，立即用漏勺捞出，浸入17℃冷水中，使饭粒处于各自分开的状态，用漏勺捞起沥干，再进行真空冷冻干燥，即可得到方便米粥的干燥制品。我国目前已生产出蘑菇鱼汁粥、虾仁粥、瘦肉粥等方便米粥品种。

3. 米粉（米粉干）

米粉从词义上理解应是以大米为原料磨成的粉，但习惯上指的是条状或丝状的米制品，在江浙一带又称米粉干。

制作米粉宜采用含支链淀粉在85%以下的非糯性大米为原料，使产品黏性不大，有一定韧性，出品率高，质量好。大米原料最好在精加工后加白，以保证产品质量。

米粉从工艺上可分为切粉（宽粉）和榨粉（细粉）两大类，各有干湿之分，并有许多品种。

切粉的生产流程是：原料米→洗米→浸泡→磨浆→滤布脱水→落浆蒸煮→冷却→湿粉→切粉→干米切粉。

榨粉的生产流程是：原料米→浸泡→磨浆→脱水→混合→蒸胚→挤片→榨条→蒸煮→水洗（风冷）→梳松成型→干燥成型。

在米粉的生产工艺中有磨浆（水粉）法和以粉代浆（干粉）法两种。磨浆法是传统的生产方式，以手工操作为主，生产周期长，出品率低，劳动强度大，产品质量不稳定。以粉代浆法机械化程度高，大米营养损失少，出品率高，产品质量稳定。其主要的工艺流程是：选料→浸米→粉碎→压条→蒸料→出条→干燥→包装。

第五节　当前四川主推的优质杂交稻品种简介

一、宜香3728

该品种系绵阳市农科所用引进的香型不育系宜香1A与自育恢复系绵恢3728组配育成。全生育期154天，株高118厘米，株型紧凑，分蘖力中等，繁茂性好，上林率高，穗大粒多，千粒重31克左右，结实率80%以上，后期转色好，中高抗稻瘟病。适宜四川省平坝、丘陵区种植，平均亩产550千克左右。稻谷糙米率79.3%，精米率71.3%，整精米率54.1%，粒长7.1毫米，长宽比2.9，垩白率15%，垩白度2.6%，透明度1级，胶稠度82毫米，碱消值7.0级，直链淀粉17.2%，蛋白质含量8.8%，达部颁二级优质米标准。米质外观优良，商品性和适口性好，香味浓郁。2005年通过四川省品种审定，同年获四川省第四届“稻香杯”优质米评选特等奖。

二、宜香725

该品种系绵阳市农科所用引进的香型不育系宜香1A与自育恢复系绵恢725组配而成的中籼迟熟香型优质杂交水稻新组合。全生育期151天，株高117厘米，株型较紧凑，分蘖力中等，繁茂性好，上林率高，耐肥抗倒，穗大粒多，后期转色好，千粒重28克，结实率82%左右，再生力强。适宜四川省平坝、丘陵区种植，平均亩产530~550千克。稻谷糙米率81.2%，精米率73.8%，整精米率51.3%，粒长6.9毫米，长宽比2.9，垩白米率27%，垩白度5.7%，透明度2级，胶稠度88毫米，碱消值4.4级，直链淀粉15.3%，蛋白质含量10.7%，十二项指标全部达部颁二级优质米标准。外观米质优良，商品性和适口性好，香味浓郁。2004年通过四川省品种审定，2005年获四川省第四届“稻香杯”

优质米评选特等奖。

三、内香2550

该品种系内江杂交水稻科技开发中心利用自育的优质香型不育系内香2A与抗病优质恢复系内恢2550配制的香型优质杂交稻新组合。全生育期150天，株高115厘米，穗长26.9厘米，穗着粒173.2粒，结实率85%，千粒重29.8克。田间生长繁茂，分蘖力强，上林成穗率高，株叶紧凑，苗期耐寒，熟期落色好，抗稻瘟病，再生力强。适宜我省及南方稻区作一季中稻或一季中稻加再生稻种植，亩产550～650千克。稻谷糙米率81.7%，精米率73.4%，整精米率56.6%，粒长7.6毫米，长宽比3.3，垩白率8%，垩白度0.4%，透明度1级，碱消值4.8级，胶稠度88毫米，直链淀粉15.6%，蛋白质含量15.3%。品质优良，具清香味，十二项指标全部达部颁二级以上标准。2005年通过国家品种审定，同年获四川省第四届“稻香杯”优质米评选特等奖。

四、宜香707

该品种系四川农业大学水稻研究所用宜宾市农科所育成的不育系宜香1A与该所育成的恢复系蜀恢707配组而成的优质高产香型杂交稻。全生育期150.3天，株高117厘米，穗长27厘米，每穗着粒154.6粒，结实率75.4%，千粒重31.47克。分蘖力中等，株型适中，茎秆粗壮，耐肥抗倒，后期转色较好。大田生产种植表现中抗稻瘟病和白叶枯病，再生力强。适宜在汕优63种植地区种植，亩产550千克以上。稻谷糙米率79.6%，精米率71.4%，整精米率51.1%，粒长7.2毫米，长宽比3.0，垩白米率16%，垩白度2.8%，透明度1级，胶稠度70毫米，碱消值5.5级，直链淀粉含量15.6%，蛋白质含量9.7%，米质优，香味浓，达部颁食用稻品质二级优米标准。2005年通过四川省品种审定，同年获四川省第四届“稻香杯”优质米评选特等奖。

五、宜香2308

该品种系四川省宜宾市农科所用自育浓香型优质不育系宜香1A作母本，与自育的亚种间重穗型优质恢复系宜恢2308作父本组配而成的中籼迟熟香型优质杂交水稻新组合。全生育期152.5天，株高118.6厘米，穗长28.0厘米，穗平粒数153.9粒，结实率84.9%，千粒重28.5克，苗期长势旺，分蘖力较强，株型适中，叶色浓绿，叶片挺直，叶鞘绿色，叶耳浅绿色，抗性优于汕优63，再生力强。适宜四川平坝和平丘陵区种植，亩产500～550千克。稻谷糙米率80.2%，精米率72.1%，整精米率43.3%，粒长7.3毫米，长宽比3.2，垩白度2.6%，透明度1级，碱消值5.1级，胶稠度69毫米，直链淀粉含量15.5%，蛋白质含量9.4%，7项指标达部颁一级优质米标准，3项指标达二级优质米标准。米质优、香味浓、食味佳。2004年通过四川省品种审定，2005年获四川省第四届“稻香杯”优质米评选特等奖。

六、中优368

该品种系四川农业大学水稻研究所和四川种业有限责任公司用中9A不育系与自育恢复系蜀恢368组配而成的中籼迟熟优质杂交稻新组合。全生育期148.6天，株高113厘米，亩有效穗12.34万，穗长25.6厘米，每穗着粒174.9粒，结实率77.05%，千粒重25.96克，再生力强。适宜在四川平坝、丘陵区作一季中稻种植，亩产520～560千克。稻谷糙米率81.8%，精米率73.6%，整精米率59.3%，粒长6.6毫米，长宽比3.0，垩白粒率18%，垩白度4.8%，透明度2级，碱消值6.2级，胶稠度56毫米，直链淀粉含量21.9%，蛋白质含量11.9%，理化指标达部颁优质米三级以上标准，外观和食味品质好。2005年通过四川省品种审定，同年获四川省第四届“稻香杯”优质米评选一等奖。

七、宜香99E－4

该品种系眉山市裕丰种业公司用宜宾市农科所育成的不育系宜香1A与眉山市裕丰种业公司育成的新恢复系99E－4组配而成的中籼迟熟杂交稻新组合。全生育期152天左右，株高120厘米，株型适中，叶色浅绿，剑叶中宽直立，亩有效穗16.65万，成穗率69.8%，穗长26.7厘米，穗平着粒156.5粒，穗平实粒118.4粒，结实率75.7%，千粒重29.4克。稻瘟病抗性强于对照汕优63。适宜汕优63种植区，亩产530千克左右。稻谷糙米率79.2%，整精米率62.4%，长宽比3.0，垩白米率21%，垩白度4.1%，胶稠度68毫米，直链淀粉含量16.3%，七项指标均达到或优于部颁三级优米标准。2004年通过四川省品种审定，2005年获四川省第四届“稻香杯”优质米评选一等奖。

八、中优177

该品种系四川省农科院作物所用引进不育系中9A和自育恢复系成恢177组配而成。在长江中上游作中稻种植全生育期平均151.2天，株高108.1厘米，株叶型好，分蘖力偏弱，成穗率较高，穗粒协调，后期转色较好，耐寒性强。每亩有效穗17.3万穗，穗长25.3厘米，每穗总粒数157.9粒，结实率81.7%，千粒重27.3克，抗性：叶瘟7级，穗瘟3级，白叶枯病7级。适合四川平坝、丘陵区种植，亩产540~590千克。稻谷整精米率57.5%，长宽比3.1，垩白度2.9%，胶稠度50毫米，直链淀粉含量22.2%，达部颁三级优质米标准。2003年通过国家品种审定，2005年获四川省第四届“稻香杯”优质米评选一等奖。

九、D香101

该品种系四川农业大学水稻研究所用不育系D62A与恢复系R101组配育成的中籼迟熟优质香型杂交稻新组合。全育期152天，株高113厘米，穗长25.75厘米，亩有效穗12.39万，每穗着粒178.78粒，每穗实粒138.43粒，结实率77.59%，千粒重24.94克。株型适中，分蘖力强，苗期长势旺，后期转色好。中抗稻瘟病。适宜四川省平坝、丘陵作一季中稻种植，亩产500

千克以上。稻谷糙米率81.5%，精米率74.9%，整精米率62.6%，粒长6.6毫米，长宽比3.0，垩白米率21%，垩白度3.3%，透明度2级，胶稠度86毫米，碱消值6.5级，直链淀粉含量21.3%，蛋白质含量9.3%，达部颁优质米三级标准，外观和食味品质好，具清香味。2005年通过四川省品种审定，同年获四川省第四届“稻香杯”优质米评选一等奖。

十、蜀龙优4号

该品种系四川蜀农种业有限责任公司、江油江川水稻研究所、中国水稻所联合选育。全生育期149天，株高118厘米，穗长26厘米，叶色淡绿，株型适中，分蘖力强，穗大粒多，千粒重27.6克，结实率80.6%。适宜四川平坝和丘陵区种植，亩产550~630千克。稻谷糙米率81.3%，整精米率50.8%，长宽比3.0，垩白米率24%，垩白度3.8%，胶稠度82毫米，直链淀粉含量22.6%。米质优，食口性好，达部颁二级优质米标准。2004年通过四川省品种审定，2005年获四川省第四届“稻香杯”优质米评选一等奖。

第二章
小　麦

第一节　四川小麦生产概况

一、生产现状

四川小麦是种植面积和产量仅次于水稻的粮食作物。20世纪80年代，年种植面积2300万~2500万亩，亩产200~230千克，总产量400万~500万吨，进入20世纪90年代，播种面积扩大到2600万~2800万亩，亩产提高到230~250千克，总产量增长到600万~650万吨。1998年种植面积2831万亩（含春小麦），亩产240千克，总产量678万吨，面积和总产量是历史最高年。2000年开始，由于种植业结构调整，小麦种植面积调减，2006年全省小麦种植面积2066万亩（含春小麦），亩产270千克，总产量558万吨，亩产量是历史最高年。

四川小麦有冬麦和春麦两种。冬小麦主要分布在四川盆地，占95%。尤以盆中丘陵和盆西平原各县种植比重最高，一般占当地粮食播面的25%~30%，次为盆东南丘陵各县，盆周山区和川西南山地麦区各县栽培面积较小。春小麦面积和总产量仅占小麦的1%左右，分布在川西北高原的甘孜、阿坝两州海拔2500~3500米地带。2006年全省冬小麦种植面积2049万亩，亩产271千克，总产量556万吨；春小麦种植17.1万亩，亩产135千克，总产量2.3万吨。

小麦用途广泛，又比较耐贮藏，是四川主要的商品粮，其商品率常年占总产量的40%左右。四川小麦基本是自产自销，调入、调出量很少。2007年四川仅从省外购进小麦5万吨，用于配麦掺和加工优质面包、面条、馒头用粉。

二、品质现状

小麦品质分为原粮品质、磨粉品质、营养品质和食品加工品质。原粮品质主要指籽粒容重、千粒重；磨粉品质主要指出粉率；营养品质主要指蛋白质含量；食品加工品质主要指面筋含量和面筋质量。四川小麦原粮品质和磨粉品质较好，在全国排位前列。营养品质和食品加工品质过去很差，但近二十年来由于品种的改良和生产品种经过几次更新，四川小麦品质有了很大提高。根据生产所使用的当家品种绵阳26、绵农4号、绵阳29、川麦30等品种质量分析，四川小麦籽粒粗蛋白质含量在13%左右，湿面筋含量在28%以上。四川目前小麦蛋白质、面筋质含量按照专用小麦品质标准衡量，达到优质一级面条、馒头专用小麦品质标准（粗蛋白质≥13%、湿面筋≥28%），能够满足四川小麦主要作为面条、馒头食用的品质要求。

四川小麦近年蛋白质、面筋质含量已与全国差距不大，当前差距主要在面筋质量上。主要表现在面粉的沉降值不高，面团的形成时间和稳定时间太短，面筋的筋力不强。美国面包粉要求面团形成时间 7.5±1.5 分钟，稳定时间 12.5±1.5 分钟，而我国在 1992 年测定全国小麦平均面团形成时间只有 2.9 分钟，稳定时间只有 3.2 分钟，而四川小麦平均面团形成时间和稳定时间不到 2.5 分钟。

四川小麦品质区域优质明显。根据四川省农科院作物所在 20 世纪 80 年代初期，连续两年用同一品种在不同地区种植，分析其蛋白质含量结果，四川小麦川南麦区（自贡、宜宾点）蛋白质含量最高，生态环境有利于籽粒蛋白质、面筋质的合成，营养品质和做面条、馒头、面包的食品加工品质最好；其次为川西平原麦区（成都、德阳点）；再次为川中丘陵麦区（南充点）；最低是攀西地区（西昌点），攀西地区适宜发展要求蛋白质、面筋含量低的优质糕点、饼干专用小麦。

三、主要问题

1. 产量不高，种植效益低

根据省农业厅农经总站调查点汇总分析，2006 年四川小麦平均亩主产品产量 233 千克，主产品产值 358.31 元，扣除物资、用工、农税，亩纯收入 26.4 元。根据对四川省小麦产量与效益的关系调查分析表明，小麦单位面积产量和效益的高低呈显著正相关，即高产高效，低产低效。四川小麦种植效益低，单产不高是一个重要因素，尤其是全省 400 万亩坡薄地小麦和 200 万亩湿田小麦，拖了全省小麦产量的后腿。

2. 混种混收，难以分出优质优价

优质小麦的专用性很强。因加工食品的种类不同，对品质要求截然两样。加工面包，则要求面粉筋力要好，对面筋的含量和面筋的质量要求要高；加工饼干、糕点，则要求食口酥碎，对面筋的含量和面筋的质量要求较低；加工面条、馒头，对小麦品质要求居于其中。而当前生产中采取混种混收，既不能分出优质，也不能体现优价。

第二节　四川小麦种植区划

一、种植区划

四川省农业厅 1985 年提出的《四川种植业区划》中，根据省内的自然条件和耕作制度等，将全省小麦划分为 6 个区，符合实际，简明适用。

1. 盆西平原麦区

本区有 35 个县（市、区），小麦多与水稻连作。区内气候温和，地势平坦，大部分土壤肥力较高，有灌溉保证，是全省小麦生产的最适区域，小麦单产居各麦区之首，2006 年本区小麦面积 275 万亩，平均亩产 328 千克。

2. 盆中浅丘麦区

本区是全省最大的麦区。全区有 43 个县（市、区），近 70% 的小麦分布在旱地，多与玉米、甘薯等间套种植。区内丘陵广布，山丘绵延不断。土高水低，蓄水条件差。土壤多呈中性或微碱性反应，养分含量为中氮、低磷、富钾。区内热量充足，但降雨量季节分布不匀，麦季不足200毫米，干旱是制约小麦生产的首要因素。2006年全区小麦面积1131万亩，平均亩产283千克，居全省第二。

3. 盆东南丘陵麦区

本区有18个县（市、区），约2/3的小麦分布在稻田。本区东部为平行谷岭区，土壤氮不足，磷较缺，钾较丰。南部多为浅丘宽谷地形，土质偏砂，酸度较高，多烂泥田，氮、磷、钾含量均属中下水平。区内热量资源丰富，麦季雨量充沛，整地播种阶段常雨水过多，日照严重不足。湿害和病害是影响小麦产量的主要不利因素。2006年全区小麦面积267万亩，平均亩产243千克，低于盆西和盆中。

4. 盆周边缘山地麦区

本区有28个县（市、区），大部分小麦分布在旱地。区内多高山深谷。稻田中冬水田、冬炕田、冬闲田较多，开发潜力大。旱地多为坡土，坡陡土薄。区内各县热量条件差异较大，但能满足小麦生长需要，日照较少。东南部山区春雨多，西北部山区春旱较重。土壤多酸性，养分含量属中氮、中磷、富钾型。由于自然条件较差，交通不便，耕作粗放，施肥水平较低，小麦单产较低。2006年全区小麦面积256万亩，平均亩产212千克。

四川小麦分区 （2000 年资料）

区划	县（市、区）名	面积（万亩）	亩产（千克）	总产（万吨）
盆西平原麦区（35 县）	温江区、郫县、新都区、彭州市、都江堰市、崇州市、大邑县、邛崃市、蒲江县、新津县、双流县、金牛区、龙泉驿区、青白江区、青羊区、武侯区、锦江区、成华区、德阳市中区、旌阳区、罗江县、绵竹市、广汉市、什邡市、乐山市中区、东坡区、夹江县、彭山县、青神县、丹棱县、洪雅县、峨眉山市、名山县、安县、五通桥区、沙湾区	275	328	90.2
盆中浅丘麦区（43 县）	犍为县、井研县、荣县、威远县、贡井区、大安区、沿滩区、内江市中区、东兴区、资中县、雁江区、仁寿县、安岳县、乐至县、简阳市、金堂县、中江县、三台县、射洪县、蓬溪县、安居区、船山区、顺庆区、高坪区、嘉陵区、武胜县、华蓥市、广安区、岳池县、蓬安县、西充县、盐亭县、涪城区、游仙区、梓潼县、江油市、南部县、营山县、仪陇县、阆中市、苍溪县、巴州区、平昌县	1131	283	320.1
盆东南丘陵麦区（18 县）	宜宾县、翠屏区、南溪县、江安县、纳溪区、合江县、龙马潭区、江阳区、泸县、富顺县、隆昌县、通川区、达县、开江县、宣汉县、渠县、大竹县、邻水县	267	243	64.9

续 表

区划	县（市、区）名	面积（万亩）	亩产（千克）	总产（万吨）
盆周边缘山地麦区（28县）	万源市、通江县、南江县、旺苍县、广元市中区、元坝区、朝天区、剑阁县、青川县、平武县、北川县、金口河区、峨边县、马边县、沐川县、屏山县、高县、筠连县、长宁县、珙县、兴文县、叙永县、古蔺县、宝兴县、芦山县、天全县、雨城区、荥经县	256	212	54.2
川西南山地麦区（25县）	汉源县、石棉县、甘洛县、冕宁县、越西县、美姑县、喜德县、昭觉县、金阳县、布拖县、西昌市、普格县、德昌县、宁南县、会东县、会理县、木里县、盐源县、雷波县、米易县、盐边县、攀枝花市东区、攀枝花市西区、仁和区	111	220	24.4
川西北高原春冬麦区（31县）	九龙县、泸定县、康定县、雅江县、稻城县、乡城县、得荣县、理塘县、巴塘县、丹巴县、道孚县、新龙县、白玉县、泸霍县、甘孜县、德格县、石渠县、色达县、壤塘县、金川县、小金县、理县、汶川县、茂县、黑水县、马尔康县、松潘县、红原县、阿坝县、九寨沟县、若尔盖县	26	181	4.7

5．川西南山地麦区

本区有25个（市、区），区内海拔高，地势起伏大，小麦主要分布在安宁河流域河谷稻田和中低山旱地。区内冬暖夏凉，干湿季节分明。小麦生长季节正值旱季，降水量仅为30～70毫米，气温高，蒸发量大，但日照充足，达1000小时以上。干旱和土壤较瘠薄是影响小麦生产的主要不利因素。2006年全区小麦面积111万亩，平均亩产220千克。

6. 川西北高原春冬麦区

本区有31个县（市、区），耕地绝大多数为旱地。区内地势高，气温低。海拔2800～4000米地带，年均气温2℃～7℃，为春麦区。海拔2800米以下地带，年均气温8℃～15℃，春、冬小麦均可种植。2006年全区小麦面积26万亩，平均亩产181千克。其中，冬小麦9万亩，平均亩产270千克；春小麦17万亩，平均亩产135千克。

上述6个麦区中，盆西平原、盆中浅丘和盆东南丘陵区，是四川小麦的主产区，面积和总产量分别占全省的81%和85%。

二、小麦品种生态类型

四川小麦品种类型比较丰富，盆地及川西南山地麦区小麦品种类型较为接近，均为冬小麦，品种以春性品种为主，每年秋季10月下旬至11月上旬播种，翌年5月上、中旬成熟，生育期170～195天；盆周及川西海拔较高地区则以过渡型品种为主，兼有半冬性品种，每年10月上、中旬播种，翌年5月中旬至6月上旬成熟，生育期200～220天。本区特别是盆地东南部小麦生长繁茂，分蘖成穗率低，但穗大、粒多的性状较为突出。川西北高原春冬麦区，春小麦北部为强春性品种，每年3月底至4月初播种，8月下旬至9月初成熟，生育期130~160天；南部为过渡型偏春性品种，每年3月中、下旬播种，9月上、中旬成熟，生育期150~180天，上述两类春小麦均有穗大、粒多和千粒重高的特点。冬小麦则分布在川西北高原东南部，每年9月下旬至10月中旬播种，翌年8月至9月成熟，生育期长达300~350天，耐寒性强，主茎叶片数多，穗大、粒多、千粒重高。

四川冬小麦随纬度北移和海拔升高使播种期提早，而抽穗期、成熟期则推迟，其物候规律为：纬度北移1度，播种期提前2天，成熟期推迟5天，全生育期延长7天；海拔升高100米，播种期提前3天，成熟期推迟3~4天，全生育期延长6~7天。

第三节 小麦产量的构成因素及其形成过程

一、小麦产量及其构成因素

如何提高小麦单位面积产量，改进品质，是小麦栽培的根本任务。小麦和其他禾谷类作物一样，它的产量是指籽实而言，也称为有效生产力；其他部分则为副产品。这种生产品和副产品一起，称为总生产力，其中有效生产力所占的比例，又称相对生产力，或经济系数。

三种生产力的关系数是，在小麦生长发育正常时，总生产力与有效生产力是正比关系，即只有总生产力提高，有效生产力才能提高，因而提高总生产力是提高小麦产量的基础。但是，当总生产力一致时，相对生产力的高低，与产量也有关系，所以还必须注意提高相对生产力。

小麦的产量是由每亩穗数、每穗粒数和粒重三个因素所组成。当这三个因素都能获得最充分的发展时，就可以获得最高的产量。因此，小麦栽培的全部过程，都是围绕着穗多、穗大、粒多、粒重这个目标而进行的。这三个因素的关系是矛盾的，又是统一的。例如，在一般情况下，随着每亩穗数的增加，每穗粒数有减少的趋势，千粒重也略有下降，这就表现为穗数与粒数及粒重，即群体与个体之间的矛盾的一面。但是，在合理密植的情况下，通过增施肥料、培育壮苗，不仅可以穗多，而且能够形成壮秆大穗，为粒多、粒重奠定基础，这是三个因素之间统一的一面。高产栽培的全部过程，就是根据具体条件，分析不同的矛盾，发展其统一的一面，而克服其矛盾的一面。

当前，在生产实践中，这三个因素的主要矛盾是什么？从全省来看，苗数不足，穗数偏少，是小麦产量不高的主要原因。因为在这种情况下，群体发展不足，光能利用不经济，有机物质积累少而总生产力不高，使高产非常困难。

但是，除了增穗以外，还必须注意增粒数和增重量。因为穗数的增加不可能是无限的，当穗数超过一定限度时，个体间的矛盾激化，不仅会使粒数及粒重下降，甚至造成倒伏，相对生产力不高，反而导致减产。至于合理的产量结构，应该因时、因地以及不同的品种及栽培水平而定，而且随着品种的更新，生产的发展，三要素的合理结构也会不同。当前，净作小麦亩产400千克，产量结构要求是，亩有效穗23万~28万，穗平均结实40粒以上，千粒重40克以上。旱地带植小麦亩产250千克，产量结构要求是，亩有效穗16万~18万，穗平均结实40粒以上，千粒重40克以上。

二、小麦的生长发育过程与产量的形成

小麦产量构成因素是每亩穗数、每穗粒数及粒重，它们是生长发育过程中的不同时期形成的。因此可以说，小麦的生长发育过程也就是产量形成过程。

从外部形态来看，小麦的一生要经历发芽、出苗、分蘖、拔节、孕穗、抽穗、开花、灌浆、成熟等阶段。每一个阶段反映着植物内部的一定生理状态，并在其生长周期中占有一定时期，即一般称为的生育期。在不同生长时期，生长中心不同（所谓生长中心，是指各个时期生长最旺盛的部分，哪里生长最旺盛，养料就优先向哪里输送）。因此，依据植株外部器官的形态发生所划分的生育期，就非常形象地说明了当时的生长中心。仅就产量的构成因素来看，其发生和发展的过程可分为三个相互密切联系的阶段，即播种出苗至分蘖阶段、拔节至抽穗阶段、开花至成熟阶段。

播种出苗至分蘖阶段（前期），小麦是生长分蘖叶片和根系等营养器官，所以也叫做营养生长期。苗数及

分蘖的多少、叶片及根系的发展，对奠定每亩穗数有很大作用，而且对于是否形成大穗也有较大的关系。在四川盆地，小麦在10月下旬至11月上旬播种，5~7天出苗，15~20天开始分蘖，并且一直延续到1月中旬，生长前期为60~80天。同时，冬季比较温暖，多数地区1月平均温度在5℃以上，植株地上部不停止生长，而由于土温高于气温，根系生长比较旺盛。这个阶段，虽然有机物质的积累较少，但对于奠定高产的基础有着重要的作用。

拔节至抽穗阶段（中期），四川盆地在1月中、下旬至3月中旬。小麦的麦秆开始伸长，根、叶迅速增长，同时穗子的分化和发育也在这个时期完成，营养体的生长和生殖器官的生长同时并进，所以称为营养与生殖生长期。应当注意，拔节期是小麦生育过程的转折点，此期以前，气温逐渐降低，生长慢，而且以营养生长为主；拔节以后，气温逐渐回升，生长快，并开始以幼穗的发育为主，使后生分蘖相继死亡，因而这个阶段是承上启下的时期，是巩固穗数、形成壮秆、防止倒伏和决定穗大粒多的关键时期。

开花结实阶段（后期），这是小麦的种子形成、灌浆和成熟的过程，称生殖生长期。经历时期约40天左右，主要是受当时的气象条件所影响，而与品种及播种期等关系不大。由于它的生长中心是生殖生长，所以光合作用的产物主要用于形成种子。如果绿色叶面积大而寿命长，并且有高的光合作用强度，就可以大大提高种子的千粒重，可以提高相对生产力和单位面积产量。

上述三个阶段是连续不断的发展过程，在制定和实施某一阶段的栽培技术时，既要考虑到当时的需要，也要考虑到对以后阶段的影响。例如：在小麦生育前期，是以抓穗多为中心，但同时要注意培育壮苗。否则，到了生育中期时，要促进穗大就比较困难。同样，在小麦生育中期，固然应以抓穗大粒多为中心，但如果不同时注意植株的秆粗、叶茂（适当繁茂），后期要促进籽粒饱满也将缺乏足够的基础。

三、小麦的阶段发育

小麦从发芽到抽穗，要经过几个发育阶段。目前研究比较清楚的有春化阶段和光照阶段。

1．春化阶段

小麦自种子萌发以后，需要经过一定时间的低温条件才能进入穗分化，形成结实器官，这个时间叫春化阶段。如果不经过一定时间的低温，一直在高温条件下生长，只能停留在分蘖状态而不抽穗。根据不同地区品种通过春化阶段所需温度条件和低温时间长短不同，划分为冬性、半（弱）冬性和春性品种。冬性品种通过春化阶段要求的温度低（日均温0℃～5℃），时间长（30～70天）；半（弱）冬性品种所需温度（0℃～15℃）较冬性品种宽，时间（15～35天）较冬性品种短；春性品种通过春化阶段适宜温度范围宽（0℃～20℃），时间短（3～15天）。目前四川省生产上使用的小麦品种基本是春性品种，半冬性品种很少，盆地内没有冬性品种。

2. 光照阶段

小麦在通过春化阶段后，要求有一定长短日照才能抽穗开花，这个需光阶段称为光照阶段。通过光照阶段，北方品种所需日照时数较长（每日在 12 ~ 14 小时），南方品种较短（每日 8 ~ 12 小时）。北方品种少于 12 小时，南方品种少于 8 小时，则抽穗延迟，甚至不能抽穗。因此，又称小麦为长日照作物。通过光照阶段所需天数，北方品种较短，一般始于 3 月上旬，结束于 4 月中旬，穗分化只有一个半月或更短，穗较小，南方冬小麦品种所经历时间长，始于 11 月底，结束于次年 1 月中、下旬，穗分化两个月或更长，因而其品种一般都为大穗多花型。

3. 阶段发育理论在生产上的应用

（1）选用良种与引种。根据品种的特性，可以选用适合于当地气候条件的优良品种。例如，北方品种南移，由于南方温度较高，日照时数较短，春化、光照阶段发育迟缓，常常表现迟熟，甚至不能抽穗成熟。南方的春性品种北移，一般表现早熟，但不能安全越冬，冻害严重，同纬度地区的品种，一般可以相互引用，但要考虑海拔高度和其他生态条件。

（2）品种布局与适期播种。一个单位的品种不宜太多，但也不能太单一，有了几个品种，可以充分利用当地有利条件，调节劳力安排农活，同时也可以防御自然灾害的损失。例如，半冬性品种春化阶段要求的温度较低，耐寒性较强，可适当早播，安排在早茬田土种植。春性品种的春化阶段短，适宜的温度范围宽，幼苗的初期生长发育迅速，若过早播种，可以在较高温度下通过春化阶段，并在年前通过光照阶段而拔节孕穗，这样就会导致幼穗或幼嫩的茎节受冻而死。

(3) 分蘖特性与播种密度。春性品种的春化阶段短，分蘖发生在光照阶段中，此时茎生长锥开始分化，幼穗分化需要养分逐渐增多，因而输送到分蘖芽的养分相对较少，所以一般春性品种的分蘖力弱，而有效分蘖率高。冬性品种的春化阶段长，分蘖发生在春化和光照两个阶段过程中，分蘖期长而分蘖力强，有效分蘖的绝对数多，但有效分蘖率较低。由此可见，在确定播种密度时，在相同条件栽培和产量水平下，冬性品种的密度可以较半冬性品种少些，半冬性品种又较春性品种少些。

第四节　小麦高产栽培

一、旱地改制

改革旱地耕作制度，实行带状种植，玉米可适时播种，达到趋利避害的目的。要本着突出玉米原则，合理确定带距带比，在小麦播种时预留好玉米播种的空行。可因地制宜采用“双二五”、“双三零”和“双六零”带植模式。

1. “双二五”中厢带植模式

播小麦时1.7米开厢，小麦（或马铃薯）预留空行各占地0.8米，在预留空行带播（栽）两行玉米，小麦（或马铃薯）收后茬口带起垄栽两行红苕。该模式适宜迟春早夏播玉米区采用。

2.“双三零”中厢带植模式

播小麦时2米开厢，小麦（或马铃薯）和预留空行各占地1米。春季在预留空行带播（栽）2行玉米，小麦（或马铃薯）收后茬口带起垄栽2行红苕。该模式适宜在早春播玉米区采用。

3.“双六零”宽厢带植模式

播小麦时4米开厢，小麦和预留空行各占地2米。春季在预留空行带播（栽）4行玉米，小麦收后茬口带起垄栽4行红苕。该模式是在目前中厢带植改制基础上发展起来的一种新种植模式，该模式带距行比加大，有利实行粮经间作。小春预留空行可多套种蔬菜，大春可实行玉米、花生等粮经间作。还可在麦苕带增种一季二季玉米，多收一季庄稼，在春玉米收后茬口带作一季秋菜，有利抗旱增产，全年增收。该模式适宜在城市郊区、粮经混作区和盆中丘陵旱区采用。

二、麦田耕作整地

耕作整地的目的，在于创造一个良好的耕层构造，使水、肥、气、热等因素达到运动平衡，既适合小麦发芽出苗和生长发育，也有利于微生物的活动和有机质的分解与积累。同时，耕作也可以翻埋残茬和有机肥料，控制杂草及病虫害，精耕细作是我国小麦生产的一项基本措施。

1. 耕作整地的基本要求

（1）旱地。旱地小麦的前作很多，复种轮作方式也极不相同，耕作技术应区别对待。前作收获早者（玉米、高粱等），虽有充裕的整地时间，但为了接纳秋雨，并为了在较高气温下使残茬腐烂，所以应尽早先行浅耕灭茬，然后再深翻炕土，掩埋杂草及病虫，当土垡变白后及时耙细整平，保墒防旱，使小麦发芽出苗有足够水分。前作收获较迟者（甘薯、棉花、晚秋等），收播时间紧迫，必须随收随耕，或在前作宽行中进行中耕松土，播前再耙细整平，抢时播种。

（2）稻茬麦田。稻田土壤由于长期淹水的结果，黏粒沉积，土壤板结，尤其是质地黏重的各种泥田，水分稍多即处于可塑性范围，使宜耕期短，宜耕性差，耕后还易形成大犁坯，干后不易破碎；或者耕地压板耕层，破坏结构，都会影响整地质量。实践证明，在水稻黄熟期即提早排水，收后又及时搞好田间排水系统，开好“三沟（厢沟、边沟、腰沟）”，是减少土壤水分、降低地下水位、提高整地质量的基础。掌握宜耕时期，翻耕晒垡，促进土壤熟化和释放养分，播前再耙细整平。宜耕期的标准，约为土壤含水量14%～20%，黏土较窄，时间亦短。江河两岸由冲积土壤形成的稻茬麦田，质地较沙，排水良好，宜耕期亦长，但为了熟化土壤或增种一季蔬菜、饲料、晚秋作物等，也应及早耕翻炕土，活化耕层。秋旱严重的年份，整地时如果土壤干旱，可以先灌“跑马水”，然后耕翻，或在耕翻后灌跑马水，再适时耙细整平，有利提高整地质量，并使播种深浅一致和出苗整齐。

耕翻深度应达15～20厘米。若机械化程度较高、土层较厚的土壤亦可深至20~25厘米，以便扩大根系分布范围。当然，深耕应逐步进行，避免翻出生土，而且要结合施用有机肥，才能更好地达到改善结构和提高肥力的目的。

三、基追肥的合理运用

肥水的合理运用既要根据作物产量形成的需要，又要考虑各生育期土壤供肥能力（受土壤、气候、肥料种类等的影响），使一定量的肥料发挥最大的增产效果，以达到高产优质的目的。

1．基肥

施足基肥是小麦高产的重要措施。其作用一方面满足小麦苗期对养分的需要，促进壮苗的形成和分蘖早发，使生长锥能正常分化，从而为高产奠定良好的基础；另方面是较多的有机肥施入，肥效长而稳，能改善土壤结构，促进微生物的活动。

基肥的种类应该比较全面，以有机肥料为主，配合适量的氮、磷化肥，在缺钾地区，还应配施钾肥。堆厩肥、饼肥和磷肥一般应全部作基肥施用。腐熟人畜粪尿和速效化学氮肥也应有相当数量作为基肥施用。从四川各地经验看来，堆厩肥、饼肥和磷肥充分混匀后作盖种肥，化学氮肥溶解在清粪水里集中施于播种穴（沟）内，既比较方便，又能达到集中施肥的目的，效果较好。多年来大面积实践经验证明，10千克左右尿素（或等量的碳铵），溶解在2000~2500千克的清粪水中施下，是安全的，不会影响出苗和幼苗生长，只有把较大数量的化肥作基肥干施，并与种子相接触，才会影响出苗。

由于秋雨过多或排水困难，可将腐熟优质有机肥与速效化肥混匀后集中施于种子附近，这种施肥法对肥力较低或迟播麦苗更具积极作用。

基肥与追肥的比例，应根据地力和产量水平而定，同时要考虑气候、土壤肥力、肥料数量和质量等。在干旱地区，肥料不易分解，基肥比例应较雨水多的地区高一些；清肥多，基肥比例可低一些；粗肥多，比例应高一些。一般基肥的用量按有效成分计算，以占总施氮肥量70%左右为宜。但在施肥量较多、产量要求较高的条件下，基肥过多，会导致无效分蘖增多，也不利于提高穗粒数。据四川省农业科学院1992～1994年试验，降低基肥用量（占50%），增加中、后期比重，即基肥：苗肥：拔节肥=5：3：2，每亩可增产20～30千克。这一试验结果同国内许多地方的高产经验和试验结果是一致的。

2. 分蘖拔节、孕穗期追肥

在施足基肥的基础上，看苗追肥，能及时满足小麦各阶段生长发育对养分的需要。在土壤干旱的情况下，还可结合追肥进行浇水，满足小麦对水分的需要。

四川小麦追肥的关键时期是二、三叶期和拔节期。一般的原则是：在中、低产阶段，肥料不多的情况下，重前期追肥；在高产阶段，肥料施用较多的情况下，要注意拔节、孕穗肥的施用。注意看苗用肥，因苗促控，灵活掌握。

(1) 施用二、三叶肥，促根增蘖。小麦出苗主要依靠胚乳的养分，到第二真叶长出后，就开始受土壤营养条件的影响，三叶期后，麦苗开始长出分蘖和次生根，春性品种的幼穗也开始分化。如土壤缺乏速效养分，或者过于干旱，则麦苗的第四、五叶片狭小，分蘖迟缓，并影响次生根的生长和幼穗的正常分化。一般在二、三叶期将化学氮肥对在腐熟的人畜粪尿中施用。如果土壤过于干旱，应多对清水，增大粪水用量。

(2) 巧施拔节、孕穗肥。小麦拔节孕穗期营养生长和生殖生长并进，是生长发育最旺盛的时期，对营养需求大大增多，如果肥水不足将促使大量分蘖不能成穗，上部叶片短小，小花分化不良，导致穗少、穗小，严重影响产量。如果氮肥过多，将使后期叶片肥大，无效分蘖迟迟不消退，造成群体过大，田间阴蔽，不仅茎秆软弱，容易倒伏，而且会影响后期有机物质的合成和向籽粒转运，导致贪青晚熟，同样影响产量。

拔节阶段应根据苗情状况，看苗施肥。如群体偏小，叶色发黄，心叶长势不强，应在拔节初期追肥，并适当增加用肥数量。如果总茎蘖数、叶面积都达到预定要求，叶色正常，应推迟追肥时间，以促进分蘖的两极分化，并使基部节间粗壮，增强抗倒伏能力。上述两类麦田，在剑叶露尖时（孕穗期）可根据苗情，适量追施孕穗肥，这对增加结实粒数有明显效果。对总苗数、叶面积显著超过预定指标，叶色浓绿的麦田，不宜再追拔节孕穗肥，并采取其他控制措施。丘陵旱地一般无灌溉条件，结合施拔节肥进行淡肥饱灌，对减轻后期干旱危害有重要意义。

3．叶面喷肥

一般认为，开花灌浆期叶面喷施氮、磷肥，能提高粒重，增加产量。但四川省农业科学院20世纪80年代的试验表明，在中等和上等麦田，扬花灌浆期叶面喷施不同浓度的速效氮肥、磷肥和氮磷肥，均未收到显著提高粒重和增加产量的效果。省外一些单位也有类似的试验结果。此外，近几年省内外一些单位的研究指出，中后期喷施生长调节剂能提高穗粒数和千粒重。据此，对后期叶面喷肥和喷施生长调节剂的有关理论和技术，需在不同条件下进一步作严格的试验，以肯定其增产效果和适用范围。

4．配方施肥

配方施肥的含义是，根据作物需肥规律及土壤供肥性能与肥料效应，在以有机肥为基础的条件下，提出氮、磷、钾和微肥的适宜用量和比例，以及相应的施肥技术，以发挥肥料的最大增产作用，提高施肥的经济效益。

配方施肥，必须坚持以有机肥为基础，有机肥与化肥结合施用，以达到缓急相济、互为补充，提高肥效和培肥地力，提高经济效益的目的。

在肥料三要素中，目前影响四川小麦的第一位因素仍然是氮素。地力高低相当程度上取决于氮素含量的多少。由于地力的差异，各地达到一定产量需要的施氮量有相当大的差别。据试验表明，成都点土壤肥力高，亩施10千克纯氮产量和效益较高；绵阳、内江点亩施

17～18 千克纯氮产量和效益较高。

根据各地试验结果，四川省化肥试验协作组认为：

（1）氮肥的增产效果仍大于磷肥和钾肥。

（2）在盆西平原灰色冲积沙质土壤上施用少量钾肥有明显的增产效果。

（3）丘陵区的姜石黄泥、老冲积黄壤、遂宁紫色石骨子土及重庆组紫色土，因土壤有效磷低（5 毫克/千克左右），在增施氮肥的基础上施磷肥的增产作用十分突出，施钾肥的效果则不如灰色冲积土。

据盆西平原郫县吨粮三年定位追踪及大田调查，小麦亩产 400 千克三要素需要量约为纯氮 10 千克、磷（P_2O_5）3.5 千克、钾（K_2O）12 千克，其比例为 1∶0.35∶1.2。盆中浅丘麦区荣县旱地带植小麦氮、磷、钾配方施肥试验，配肥模式 $N_{12}P_5K_5$（千克/亩），亩产 317.3 千克，比无肥区亩产 154 千克，增产 104.9%；比单施 N_{15}（千克/亩），亩产 191.2 千克，增产 66%，比单施 $N_{10}K_5$（千克/亩）亩产 209 千克增产 51.8%。重庆市农业科学研究所等单位在盆东南丘陵麦区半旱式免耕小麦试验结果，亩产 250 千克以上的最佳肥料配比是：渝麦 4 号，亩施纯氮 16～19 千克、过磷酸钙 40 千克；绵阳 21，亩施纯氮 14～18 千克、过磷酸钙 35～40 千克。

四、播种至出苗阶段栽培管理的措施

播种至出苗阶段是奠定小麦高产的基础。因此，下工夫把播种至出苗这一阶段工作做扎实，夺取小麦高产，就可收到事半功倍的效果。

1. 选用良种

选用良种是最经济有效的增产办法。因为土、肥、水等生产条件也必须在优良品种的基础上才能充分发挥作用。应选用适合当地自然、生产条件和栽培制度的丰产性能好的品种。

（1）早茬田选用适宜早播的半冬性中熟品种，晚茬麦田选用耐迟播早熟春性较强类型品种，一般茬口麦田选用春性中熟品种。

（2）四川盆地小麦生长期间气候暖和，日照不足，空气湿度大，群体不能过大，穗数难以上去，应走大穗高产的路子。中上量级以上土壤肥力（碱解氮含量120～150ppm）田块，应选用穗重型品种（平均单穗重在1.8克以上），中下量级以下土壤肥力（碱解氮含量80～120ppm）田块，选用介于穗重型与穗数型之间的中间型品种（平均单穗重1.5～1.8克）。注：ppm百万分之。

（3）干旱频繁麦地，选用耐瘠耐旱、熟期早、分蘖力强、成穗率高、灌浆快的品种。分蘖力强，有利在冬干到来之前把分蘖攻起来，把穗数促上去。早熟灌浆快，有利于在夏旱到来之前，把产量拿到手。

（4）四川阴雨潮湿，光照不足，有利病害发生。尤其是锈病、白粉病、赤霉病等危害较大，所选品种要抗上述主要病害，特别是高抗条锈病。近两年，主要推广选用川麦45、川麦46、绵麦1403、内麦11等品种。

2. 适期播种

适期播种是指一个品种在一定地区表现最高产的播种时间。过早或延迟播种，不仅难于培育壮苗，而且不能形成大穗，轻则减产，重则无收。播种期的确定，主要是依据当地气候条件、品种特性和栽培制度。但是，气温是主要的决定因素，通常是以日平均气温为准。四川小麦基本是春性品种，半冬性品种很少，应以当气温稳定降至14℃开播。12℃时播完。此期盆地内大多数地区在10月25日~11月15日。这个时期播种，不仅当时温度有利于种子迅速萌发和出苗，而且在冬季低温来临之前，一般都有较长的生长时期，可以形成较多的分蘖，争取冬前单株分蘖达到1.5~2个，冬至节亩总苗数达到预定的有效穗数。

四川丘陵坡土，土壤瘠薄，保水能力差，在适宜的播种温度范围内，要抢墒播种，以获得小麦生长的开端优势，播种期应在适期内抢早播种。在同一地区半冬性品种比春性品种先播。

3. 确定适宜的基本苗与播种量

小麦的产量构成是由单位面积的穗数、每穗粒数和粒重三者的乘积。一般情况下，穗粒数受外境因素影响变幅较大，千粒重的可塑料性较小，而穗数则比较容易通过播种量加以控制。在低产地区，多是由于生产条件不能满足生长发育的需要，个体生长较差。因此，在低产向高产发展的过程中，适当增加播种量来增多穗数可以显著提高产量。当然，如果穗数的增多使穗部性状大为恶化，每穗粒数和粒重下降过大，以致增加的穗数不能补偿穗小的损失时，则增加穗数反而减产。在高产地区，生产条件较好，限制小麦产量提高的主要矛盾是群体发展与个体生长的矛盾。为使群体与个体协调，在保证足够穗数基础上，力争穗大、粒多、粒重。要重视品种的增产潜力，合理运筹肥水，适当降低播种量，精量匀播，培育壮苗，创造合理的群体。所谓合理密植就是通过控制播种量，并配合疏株密植的播种方式来调节基本苗，从而使“穗、粒、重”三者之间得到最好的统一。

具体确定基本苗时，应掌握以田定产，以产定穗，以穗定苗，以苗定种。以田定产，就是根据地力水平、水肥条件，参考常年产量，确定一个田块确实能够达到的计划产量指标。以产定穗，就是根据当地品种和栽培措施，确定达到计划产量所需要的穗数。以穗定苗，就是根据所需要穗数，按照品种分蘖特性、土壤肥力、播种期和栽培水平确定基本苗数。以苗定种，就是根据每亩预定的基本苗和本品种的千粒重确定适宜的亩播种量。四川盆地套作小麦亩产250 千克，亩基本苗12 万~15 万。净作小麦亩产400 千克，高量级土壤肥力亩基本苗10 万~12 万，中上量级土壤亩基本苗12 万~14 万，中下量级和低量级土壤肥力亩基本苗16 万~20 万。按预定基本苗，根据种子质量计算出亩播种量。计算方式：

$$\text{亩播种量（千克）}=\frac{\text{亩预定基本苗}}{\text{每公斤种子粒数}\left(\dfrac{1000\times1000}{\text{千粒重}}\right)\times\text{种子净度}(\%)\times\text{发芽率}(\%)\times\text{田间出苗率}(\%)}$$

4. 重施基肥

肥料是小麦生长发育的物质基础。科学试验，四川净作小麦亩产 350 ~ 400 千克，高量级土壤肥力需亩总施纯氮 8 ~ 10 千克，中上量级土壤肥力亩施纯氮 10 ~ 12 千克，中下量级土壤肥力亩施纯氮 13 ~ 14 千克，低量级土壤肥力亩施纯氮 15 ~ 16 千克。套作小麦亩产 250 千克，比照上述净作小麦各级肥力土壤减少三分之一用量。

四川小麦前作基本上是麦、玉、苕三熟和麦稻两熟制田块，复种指数高，地力消耗大，为保证小麦苗期养分的需求，使幼苗根多叶大，形成壮苗，从而促进分蘖早生快发和为幼穗分化积累丰富的物质基础，必须重施基肥，一般基肥占全生育期总施氮量的 70%。同时要做到有机肥与化肥、氮肥与磷、钾肥配合施用。

五、出苗至拔节阶段田间管理措施

小麦出苗到拔节阶段，生长特点是以分蘖为主，同时生根、长叶，也是幼穗分化决定小穗数目的重要阶段。本阶段田间管理的主攻目标是：培育壮苗，争取早发分蘖，保证足够的穗数，并为穗大粒多打下良好的基础。

1. 小麦的分蘖

在正常情况下，小麦出苗后 15 ~ 20 天、主茎出现三叶时，分蘖从叶鞘中伸出为标志，当全田 50% 以上植株分蘖时为分蘖期。凡是发生于主茎的分蘖称第一级分蘖，由第一级分蘖发生的分蘖称为第二级分蘖，依次类推。

分蘖因发生的部位不同而有三种，一是从胚芽鞘长出的分蘖，主要靠种子提供养分；二是从分蘖鞘长出的分蘖（均以 P 表示），由所在分蘖供给养分，在大田生产条件下它们发生较少或者难以成穗；三是从各个叶腋里长出的分蘖，对产量的构成具有重要作用。

小麦分蘖发生的时间、部位是有序的，并且与主茎叶龄对应，这种现象称为叶、蘖同伸关系。当主茎（0）三叶时，胚芽鞘分蘖发生，四叶时主茎第一叶腋（即第一级第一个）分蘖发生，五叶时胚芽鞘分蘖的蘖鞘（PP）及主茎第二叶腋（即第一级第二个）分蘖发生等。因此，当已知主茎叶龄时，即可推算出分蘖的理论值。因为包括主茎在内，3/0 时为 2，4/0 时为 3，5/0 时为 5 等，即主茎在某叶出现时，植株可能出现的分蘖为前面两个叶龄时发生的茎蘖数之和，如主茎 5/0 时为 2 + 3 = 5，6/0 时为 3 + 5 = 8 等。但生产实际中，叶、蘖这种同伸关系，在出生日期上并非绝对吻合，一般是早期分蘖比对应叶龄提早 1 ~ 3 天，而高节位分蘖则滞后 3 ~ 7 天，如果环境因素不利于分蘖发生，可能出现“缺位”或“空节”，所以大田中的实际分蘖数常低于理论值。

四川小麦分蘖的长、消动态具有两个明显特点：一是从分蘖开始后，由于气温较高，中间无停滞现象，多数年份呈单峰曲线增长。二是分蘖开始发生也是主穗生长锥伸长之时，二者同时进行；由于生长中心的逐渐转移，营养物质的分配发生变化，新蘖不再增加而分蘖期较短。以后，发生较迟的小蘖先是心叶停止生长，进而全株枯亡，只有早期的大蘖能和主茎一起成穗上林，所以有效分蘖期更短。

据绵阳农业专科学校唐永金（1987）研究，绵阳11号11月2日播种，基本苗每亩8万时，12月20日前的分蘖全部成穗，12月20～31日的分蘖则只有50%成穗；从蘖位来看，一级分蘖成穗率76.2%，二级为13.3%。从分蘖叶龄来看，一般拔节前具有四片叶的分蘖，基本上都能成穗；三叶及其以下者，则很少成穗。因为只有三叶的分蘖尚无自己的独立根系而又距拔节期很近，因营养匮乏走向枯亡。

一株小麦能够长出的分蘖数称为分蘖力，其中能够抽穗并结实的有效分蘖百分数称成穗率。小麦分蘖力与成穗率的高低，首先与品种特性有关。一般是早熟的春性品种主茎叶片少，幼穗分化早，与生育期较长的半冬性品种相比，分蘖少而成穗率较高。同一类型品种，分蘖力亦有差异，如雅安早高于繁6，绵阳19高于绵阳11等，这是合理密植时确定基本苗的重要依据之一。

小麦的分蘖一部分能结实的叫有效分蘖，另一部分在生育后期逐渐枯死，叫无效分蘖。小麦的有效分蘖，不仅是构成产量的重要因素之一，而且也是幼穗健壮的标志。但是，分蘖也不是越多越好，分蘖过多容易造成早期阴闭，影响通风透光，以致茎秆软弱倒伏，最后产量也不高。拔节开始后，主茎生长旺盛，养分就很少流向分蘖。因此，一般来讲，拔节后的分蘖多为无效分蘖。而拔节前的分蘖由于形成了独立的次生根系，多数能够抽穗结实，成为有效分蘖。四川现有品种适期播种一般在1月中旬拔节，冬至节前的分蘖一般均可成穗。所以培育壮苗，早发分蘖，是增加每亩穗数、提高穗重的重要途径。

四川小麦幼穗分化，春性及半冬性品种在适期播种时，一般在第四片叶时开始分化。到拔节前幼穗分化进入二棱后期，二棱期是分化小麦穗的时期，小穗数目愈多，将来就可能形成大穗。由于分蘖和幼穗分化同时进行，所以出苗至拔节阶段能否形成壮苗，既影响将来的成穗数，也影响着穗子的大小。

2. 田管措施

为了培育壮苗，争取早发分蘖，田间管理的主要措施：一是查苗补缺，匀密补稀；二是早施分蘖肥。小麦出现三片叶以后，种子养分已经耗尽，麦苗由异养转入自养。因此，要追施分蘖肥，供给充足养分，分蘖肥一般在二叶一心期施用。用量应根据土壤、苗情而定。一般以占总施用量的20%左右为宜，肥料种类以速效氮肥为主。

六、拔节至抽穗阶段田间管理措施

拔节以前是出叶、长蘖和次生根为主，幼穗分化虽然同时进行，但体积较小。拔节以后，无效分蘖相继死亡，次生根增加减少，幼穗分化体积迅速增大，生长中心转入茎秆和穗分化。这一阶段的主攻目标是：培育壮秆，争取大穗，巩固有效分蘖，以达到穗多、粒多和颗大。田间管理的要点是巧施拔节肥。生产实践证明，拔节期追肥能够有效地争取早期分蘖成大穗，中期分蘖成穗。但是，也正是从拔节期开始，随着气温逐步回升，基肥中养料分解，同时基部一、二节间开始伸长，如果肥多水足，群体发展过大，往往由于光照不足，茎秆根系发育不足，破坏地上部与地下部平衡生长，容易发生倒伏，因此，拔节肥要特别慎重。拔节肥施用量一般占全生育期施氮量的 10% ~20%，采取的方法是看苗追肥。叶片窄小、叶尖干黄、株高不整齐是缺肥象征，应早施拔节肥。相反，对叶片宽大披垂、长势过旺的，则不施。此时，也是进入冬干的时候，还要浇灌一次拔节水。

七、抽穗至成熟阶段田间管理

小麦抽穗开花以后，根、茎、叶的生长基本停止，生长中心转入籽粒，籽粒的贮藏性营养物质有三分之二或更多是来自于开花后叶片的光合产物。因此，本阶段田间管理的主攻目标是：养根、保叶，保持根的后期活力，延长上部叶片的功能期，防止烂根早衰，防止贪青倒伏，防治病虫危害。

1. 防渍防旱

小麦在抽穗开花以后，根量已达最大值，随着温度的升高和代谢作用加强，呼吸作用非常旺盛，要求有良好的土壤通气。此期土壤湿度过大，通气不良，二氧化碳的积累会逐渐增多，最后由于无氧呼吸的结果形成有毒物质，不仅阻碍根系的吸收，并可使根部细胞变形、破坏或死亡。这种麦株在久雨暴晴之后，由于温度高、蒸腾大，根系吸收的水分不能弥补消耗，就会造成高温逼熟，严重影响产量。四川盆东南丘陵常年春雨早，雨量大，盆中丘陵区低洼下湿田小麦湿害重。因此，漕坝田的小麦注意理通排水沟，消除湿害，以保持小麦根系的生命活动和地上部的正常落黄。

另一方面，在抽穗到成熟阶段，尚需大量水分，约占全年生育期总需水量的三分之一。恰是这一阶段，盆中丘陵区、川西南山地麦区常年降雨量少而蒸发量大，尤其是旱地小麦要注意浇好开花灌浆水。

2. 防治好病虫害

四川省小麦病虫害大量危害是在抽穗以后，此时温度高，湿度大，各种病虫开始大量繁殖。因此，小麦病虫防治要把住后期关。

第三章
玉　米

第一节　四川玉米生产概述

玉米是三大粮食作物之一，栽培历史悠久。2000 年世界玉米收获面积达 13754.9 万公顷，总产 59641.2 万吨，单产 4336 千克/公顷，面积仅次于水稻、小麦，总产和单产均居第一位，其面积和总产分别占世界谷物的 20.36% 和 28.96%。

据 2004 年统计资料，四川省玉米播种面积为 115.63 万公顷，总产 620.37 万吨，单产为 53700 千克/公顷，略低于全国平均水平。全省各市、州均有玉米栽培，盆中丘区及盆周边缘山区分布较集中，种植面积较大。

根据自然条件、耕作制度、品种类型和栽培特点等，可将全省玉米产区划分为五个区域：

1. 盆西平丘春旱夏雨玉米区

包括成都、德阳、绵阳和乐山的部分地区。这些地区春季较干旱，夏季降雨多，7 月多暴风雨，但生产条件好，生产水平高。玉米多在 3 月中下旬春播。一般采用喜肥水、株型较好、产量高的中熟杂交种。

2．盆中浅丘夏伏旱交错玉米区

包括内江、资阳、遂宁、自贡、泸州、绵阳和宜宾的部分地区，是全省玉米的主产区。这些地方旱情严重，除适当调整播期，把玉米抽穗开花期安排在夏旱与伏旱的间隙期外，应广泛应用育苗“双座”（座肥、座水）移栽，并注意选用较能抗旱、耐瘠薄、丰产性好的杂交种，还要求玉米杂交种植株偏矮、株型较好，以利于间套作。

3．盆周边缘山地玉米区

即盆地四周的山区，是全省最大的玉米产区，约占玉米种植面积的1/3。春迟，秋寒早，云雾多，日照少，湿度大。玉米垂直分布在海拔600～2000米之间，一般在4月中下旬播种。以种植耐阴湿、抗病、高产的中晚熟杂交种为主。

4．西部高原玉米区

包括攀枝花市、凉山州及阿坝州的大部分和甘孜州的一部分。气候较干燥，雨旱季较分明，日照条件优越，但春旱较严重。玉米多分布在海拔1500米以上。一般玉米播种在4月上旬至4月下旬。主要选用中熟杂交种。

5．盆东深丘春雨伏旱玉米区

主要是达州的大部分，南充的一部分。春旱、春雨早，但常出现伏旱，以种植春玉米为主。一般采用中熟或中熟偏晚类型的杂交种。

第二节　玉米间作套种栽培技术

一、四川玉米主要间套作种植制度

四川省玉米产区的主要种植制度有以下几种：

1．一年一熟制

主要分布在海拔较高的山区、半山区，气温较低或土壤较瘠薄。形式主要为：冬闲土—春玉米。

2．一年二熟制

主要分布在低山及丘陵地区水利条件较差的旱地。形式主要有小麦—玉米、油菜—玉米、马铃薯—玉米等。

3．一年三熟制

主要适合于四川丘陵及河谷地带，这些地区光热条件二熟有余、三熟不足，多采用套作种植，达到充分利用光热的目的。以小麦/玉米/甘薯为主体，演化出粮、经、饲结合的三熟三作、三熟四作、三熟五作等多种形式，主要有大麦＋小麦/玉米甘薯＋大豆，小麦/玉米/甘薯，小麦（马铃薯）/玉米/大豆，小麦＋蔬菜/玉米甘薯/蔬菜，小麦/西瓜/玉米/甘薯等。

二、玉米间套作栽培技术要点

间、套作是在同一单位面积上，不同作物组成复合群体，使作物之间在生理生态上协调互补。间套种植时必须注意以下几点：

1. 作物、品种的组合

用于间作套种的作物或品种应具有耐阴性强，丰产性好，成熟期适宜，株型紧凑，抗倒力强等优点。作物组合中要高矮搭配，不同成熟期搭配，作物不同科、属搭配，使各作物协调生长，充分发挥作物间的互补作用。

2. 带距与带比

带距亦称带宽，指一个复合带占地的宽度，带比指复合带中某一作物种植面积占带宽的比例。带宽与带比要根据不同作物的生长习性，作物主次合理安排。宽带或大带比比较适宜于喜光、温作物或高秆作物，如玉米高秆晚熟种与喜光、温的花生、辣椒为主的间作套种。窄带或小带比比较适宜于中矮秆玉米与耐阴的豆科、茄科作物间作套种。目前省内以“双二五”（170 厘米开厢，前后茬作物各占 85 厘米）及“双三 O”（200 厘米开厢，前后茬作物各占 100 厘米）为主，南充等地宽厢带植“双六 O 模式”有一定面积，此外，遂宁等地正积极探索“二八 O 六”模式（二尺八开厢，二尺二种玉米，六寸种小麦）。

3. 间套时期

确定适宜的间套时期，既考虑主作物的成熟期和产量，又兼顾对其他茬作物的影响，如小麦套玉米，共生期间玉米苗期的光、肥、水条件处于劣势，对幼苗生长不利。套种越早，共生期越长，对玉米幼苗影响越大。特别是窄行套种前后作物均受影响，故一般在小麦蜡熟期套种，共生期以 15 ~ 25 天为宜，小麦收后正值玉米幼苗期。而小麦套玉米再套甘薯的一年三熟制，为缩短玉米对甘薯荫蔽的共生期，玉米适当提早套播时间，一般在麦收前25～30天，于预留行内播种玉米，玉米收后甘薯正值薯块膨大期，使三茬作物互为有利。

总之，适宜的间套种时期，应根据各地气候特点及种植方式因地制宜安排两作物共生期，并以不超过1个月为宜。

第三节 玉米播种技术

一、良种选择

选用杂交种要因地制宜，水肥条件较好的地区，应种植耐肥抗病高产杂交种；丘陵、山区或自然灾害频繁的地区，应选择耐寒、耐旱、耐瘠等抗逆性强的杂交种；一熟或两熟地区，应选用中迟熟高产杂交种；三熟制的夏、秋玉米，应选用苗期长势旺、后期灌浆快，丰产性能好的早、中熟杂交种；套种玉米应选用茎秆较矮、株型紧凑、苗期耐阴、中后期生长旺盛、丰产性能好的杂交种。关于品质的选择，则应视不同的用途来确定。如饲用玉米应选择蛋白质和赖氨酸含量高的品种，而用作加工玉米油和淀粉的原料，则应选用高油玉米品种和高淀粉玉米品种。

二、种子精选和处理

1．清选种子

播种前对种子要进行精选，选用具有光泽、粒大、饱满、无虫蛀、无霉变、无破损的种子，除去霉变破碎和病虫侵染的籽粒及秕粒、小粒。

2. 种子处理

（1）晒种。精选的种子在播种前选择晴天连续翻晒2~3天。

（2）浸种。浸种的方法很多，用冷水浸种24小时，或“两开一凉”的温水（约55℃）浸6~8小时，能加速种子吸水，杀灭种皮上的黑粉病孢子。也可用0.15%~0.20%的磷酸二氢钾溶液浸种12小时。浸泡过的种子宜湿润条件下播种，在天气干旱、土壤水分不足时不宜浸种，以免发生“炕种”、“烧芽”及种子发霉而降低发芽率。在抢茬播种、晚播和补苗的情况下，浸种后结合催芽，一般可提早3~5天出苗。

（3）拌种。浸种后用浓度为0.5%的碳酸铜拌种防黑粉病及丝黑穗病，用40%的乐果乳剂500克对水3000克拌种100公斤，防治金针虫、蝼蛄、蛴螬、小地老虎等地下害虫。目前种子加工上已采用种子包衣技术，经包衣处理的种子，不仅可以防止鸟兽和地下病、虫危害，而且还能起到促根壮苗的作用。

三、适时播种

1. 播种期的确定

适宜的播种期要根据当地的温度、季节、栽培制度和品种等因素综合考虑。

（1）温度。玉米适宜播期的温度是5~10厘米土壤温度稳定在10℃~12℃以上，随温度升高而出苗期缩短。在一年一熟制的冬闲地，有灌溉条件的地区及高海拔的山区，春玉米的播种在适宜范围内宜早不宜迟，夏秋玉米适宜早播的时间决定于前作收获的迟早，但也应争取早播。套种玉米还必须掌握适宜的共生期，麦玉共生期一般不超过 20 天。具体播期还必须结合各地耕作栽培、降水、病虫发生规律等因素综合考虑。

（2）墒情及降水。在春夏旱严重地区，墒情差，春玉米应适当延迟播种，否则玉米出苗后距雨季时间过长，不利于幼苗的生长，幼苗细弱，加速发育，形成早茬，甚至于旱致死。在伏旱严重地区，夏玉米宜在 5 月底 6 月初播栽，7 月下旬伏旱到来之前抽雄吐丝，双季玉米的第二季以 6 月底 7 月初播栽，伏旱结束，9 月初秋雨到来前抽雄吐丝为宜。

（3）栽培制度。四川春玉米除一年一熟制的冬闲地外，多与小麦、蚕豆、马铃薯间套种植，在播种小麦、蚕豆时先预留空行，待小麦、蚕豆成熟后期，套种春玉米，共生期20 天为宜，最多不超过 30 天。两熟制的夏玉米，为了争时抢墒播种，一般不翻耕土壤，采用浅耙灭茬、碎土或免耕板种。

2. 播种方式

（1）窝播。春玉米窝深 13 厘米左右，夏玉米窝深 7 ~ 10 厘米，种子播入湿土层。种子分布均匀，深浅一致，施肥集中，管理方便，播种后施肥覆土，以浅盖为宜。窝播的方式分为等距窝播和大小行窝播。

（2）条播。玉米高产栽培中的定向育苗移栽，或定向直播多为条带种植。植株分布合理，单株营养面积均匀，管理方便，施肥集中，能有效的协调群体与个体矛盾。按行距的不同可分为等行距条播和大小行条播。

（3）育苗移栽。玉米育苗移栽是指播种后的幼苗期以育苗方式在苗床内完成，便于集中管理，培育壮苗。育苗移栽能缩短大田生育期，有利于争取季节，解决多熟制的茬口矛盾，协调早熟和高产、当季与全年生产的矛盾。其做法是苗床地要选择在向阳背风灌排方便、靠近大田的地方，苗床做成宽1米左右、深10~13厘米的平底低畦，长度由育苗量决定，畦底垫一层有孔薄膜。第二是营养土配制，一般用40%~50%的腐熟过筛的细厩肥，50%~60%的肥沃细土，适量磷、钾肥混合均匀，加水搅拌成手握成团、丢下可散的营养土。第三是育苗，育苗方式有纸（塑料）袋育苗：袋高10厘米左右，直径约6.5厘米，内装配好的营养土；营养钵（肥团）育苗：将配好的营养土用机械或人工制成钵；营养块育苗：将配好的营养土加水调成浆状，平铺在苗床上，厚6~8厘米，切割成4~4.5平方厘米的小方格。第四为播种，把袋、钵、管排列在苗床上，每袋（钵、管、块）播一粒催过芽的种子。

（4）覆盖栽培。覆盖栽培可提高地温2℃~4℃；在干旱地区覆盖地膜后全生长期可节约用水150~220毫米；可增加土壤有机质，改善土壤理化性状，提高土壤肥力；可抑制杂草、促进微生物活动。除地膜覆盖外，目前秸秆覆盖和地膜、秸秆两段覆盖也为广大农民所采用。

秸秆覆盖：收获玉米秆时，一边割秆一边顺行覆盖，盖 67 厘米，空 67 厘米，也可盖 60 厘米，空 73 厘米。下一排要压住上一排梢，在秸秆交接处和每隔 1 米左右的秸秆上要适量压些土。第二年春天，在未盖秸秆的空行内耕作、施肥，并在空行靠秸秆两边种两行玉米。玉米生长期间在未盖秸秆的地内中耕、追肥、培土。秋收后，再在第一年未盖秸秆的空行内覆盖秸秆。其二，免耕整秆覆盖：玉米收获后，不翻耕，不去茬，将玉米整株秸秆顺垄割倒或用机具压倒，均匀地铺在地面，形成全覆盖。第二年春天，播种前 2 ~ 3 天，把播种行内的秸秆搂到垄背上形成半覆盖。

地膜、秸秆两段覆盖：在玉米、花生地膜覆盖栽培的基础上，小麦收获后玉米施攻苞肥时，拔去残膜，将麦秆覆盖在行间或株间，既可避免地膜后期接纳雨水困难及局部高温的危害，又可利用秸秆接纳雨水，保湿、防止水土流失、培肥地力。

第四节　玉米的合理密植

一、影响合理密植的因素

1. 品种与播期

一般生育期短的早熟种宜密植，生育期长的晚熟种宜稀植；紧凑型品种宜密植，平展型品种则宜稀。

播期也是决定玉米密度的因素之一，早播或春播，生育期长，叶片数多，宜适当稀植；迟播或夏播，生长快生育期短，叶片减少，可适当密植。

2. 温光条件

合理密植应根据各地光照强度与中层叶受光情况而定，光照强的地区应适当密植，山区坡地、梯土通风透光条件好，边行多可密植，平地、背阴土则宜适当稀植。

温度的高低也是决定玉米密度的重要因素。一般低海拔地区应密植，高海拔山区应适当稀植，但海拔高、光照强的高原地区，因紫外光和低温都有抑制生长的作用，则应适当密植。

3. 土、肥、水条件及栽培水平

应本着"肥密瘦稀"的原则，合理安排种植密度，充分发挥其增产潜力。

二、种植方式

指玉米在田间的株行距配置，其要求是既要保证单位面积上有足够的株数，又利于通风透光，充分利用地力，更好发挥合理密植的增产效果。四川玉米密植方式主要有以下几种：

1. 等行单株

行距相等，株距大小随品种熟期等而定。单株种植一般春玉米中熟杂交种行距 74 ~ 84 厘米，夏玉米 66 ~ 74 厘米，穴（株）距 20 ~ 33 厘米，每公顷 5.0 ~ 6.0 万株。间套作时可适当放宽行距，缩小穴（株）距。

2. 等行双株

行、穴距各自相等，每穴双株留苗。一般行距 83 ~ 90 厘米，穴距 47 ~ 66 厘米，相邻两行错窝种植，每公顷大约 4.5 ~ 6.0 万株。行中通常间作豆类，是常见的种植方式。

3. 宽窄行

又称大小行或双行种植，宽行 83 ~ 90 厘米，窄行 50 ~ 60 厘米，株距以密度而定，中熟种以每公顷 5.3 ~ 6.0 万株为宜，宽行中一般间套豆类及其他矮秆农作物。

4. 分带种植

几行玉米、几行其他作物相间成带的种植方式，一般玉米带内较其他作物窄，而带间距则比其他作物宽，玉米与其他作物行比有 2∶2、3∶3、4∶4、4∶3 等多种，一般以 2∶2 最多，通常为 167 ~ 200 厘米分带，玉米带 70 ~ 80 厘米，其他作物带 87 ~ 120 厘米。

5. 大窝丛播

一般行距 90 厘米见方或 90 × 83 厘米，每穴留苗 3 株，苗距 13 ~ 17 厘米，行窝间可套种其他作物，多为山区零星分散瘠薄地块采用。

第五节 玉米的施肥技术

一、营养元素的生理作用及缺素症状

1. 氮

玉米对氮的需求量多。玉米缺氮，植株矮小，下层叶片尖端主脉逐渐向里死亡，呈 V 字形，最后全叶枯死。另外，缺氮还导致雌穗发育延迟或停止，产生空秆或果穗短小，籽粒少或籽粒轻。

2. 磷

磷对玉米根系发育及雌穗分化形成起着十分重要的作用。增施磷肥可使玉米的抗旱能力增强，并促进早熟。玉米苗期缺磷，根系发育不良，生长缓慢，幼苗叶片出现紫红色条斑。中后期缺磷，雌穗分化形成和开花结实受影响，果穗数减少，雌穗花丝延迟从苞叶中抽出，雌花受精不完全，籽粒发育不良，粒行不整齐，成熟延迟。

3. 钾

钾肥充足，有助于玉米在干旱时防止水分大量散失，减轻低温影响和冻害。钾肥不足，幼苗生长缓慢叶片呈黄绿色，叶片边缘及尖端干枯呈灼烧状，同时茎秆机械组织发育不良，抗倒、抗病力减弱。严重缺钾时，玉米根系生长受阻，植株矮小，节间缩短，果穗发育不良，千粒重降低。

4. 微量元素

土壤中的微量元素一般不缺乏，但在酸碱度过大的土壤中或有机肥少、以施用氮肥为主的地区，易出现缺微量元素症。

二、玉米的施肥技术

在增施肥料的基础上，应根据玉米生长发育各时期对氮、磷、钾等营养元素的需要，制定合理的施肥措施，做到适时施肥，科学用肥，充分发挥肥料的效果，使用、养结合，不断提高玉米产量。当前，四川土壤中氮素普遍缺乏，一般以增施氮肥为主，配施磷、钾肥，能达到良好效果。玉米施肥量一般按产量指标计算，其公式为：

施肥量（千克/公顷）＝（计划产量需要的某种元素－土壤对某元素的供应量）/（施用肥料所含的某元素量×肥料利用率）

1. 基肥

（1）基肥施用数量。基肥施用量占总施肥量的比例，各地因气候、土壤、施肥总量及肥料种类的不同，而有很大的差异，但必须坚持基肥重施的原则。即在现有施肥水平下，基肥至少应占施肥总量的30%。并且做到因地制宜，分类指导。

（2）基肥中各种肥料的搭配。据四川省高产典型调查，基肥中迟效性肥料以占底肥总用量的80%左右为宜，速效性肥料占20%左右效果较好。

磷肥和钾肥，则以基肥一次性施用效果较好，如使用迟效磷肥，应当与有机肥堆制后再作基肥施用。

（3）基肥施用方法。基肥一般集中施用于播种沟或播种穴内。基肥集中施肥，幼苗早期即可获得充足的营养物质，经济而有效。如基肥用量较大又集中施用，则应与土壤拌和，防止对种子发芽出苗产生不利影响；另外，有条件的地方，如大量施用绿肥、厩肥等作基肥，也可于耕翻前撒施，通过耕作，使土肥相融，促进玉米根系的横向发展。

2. 追肥施用的数量和时期

追肥因施用时期和作用的不同，可分为苗肥、秆肥、穗肥和花粒肥。

（1）提苗肥。春玉米苗期处于低温、少雨季节，迟效有机底肥分解缓慢。若基肥中未施速效性肥料，应在间苗或定苗时，及时施用一次苗肥。而土壤黏重、底肥不足、套种时未施底肥的玉米更应及时施用苗肥，促进苗壮。苗肥以腐熟的人畜粪尿或速效氮肥为好。

（2）壮秆肥。拔节时施用的肥料，叫壮秆肥，应以充分腐热的人畜粪尿或速效氮肥、钾肥为主，但应注意施用适量，以防节间过度伸长，茎秆生长脆嫩，后期发生倒伏。

提苗肥和壮秆肥的施用数量，约占总施肥量的10%～15%。

（3）攻穗肥。穗肥用量应占总用肥量的50%左右，并应在雌穗小穗或小花分化时（大喇叭口期，玉米抽雄前10～15天，穗位以上叶片出生大而快，叶片密集呈大喇叭口状）施用，此时中熟种为11～12片全展叶，早熟种为9～10片全展叶。一般土壤瘠薄，底肥少，植株生长较差的，应适当多施、早施。反之，可适当迟施、少施，以免中上部叶片徒长，影响雌穗发育。近年来，四川省各地对穗肥的施用都很重视，但一般偏迟，有的甚至已见天花才上行，未能发挥穗肥的攻穗作用，同时多数农户穗肥只施化肥且用量又不足而造成后期脱肥翻黄早衰。

（4）壮籽肥。玉米开花授粉后，可适当补施壮籽肥。壮籽肥应以速效的氮素化肥为主，也可叶面喷施磷酸二氮钾。壮籽肥用量约占总肥量的5%～10%。

为了提高肥效，用氮素化肥作追肥，不论是固体还是液体状态，都必须深施入土，才能充分发挥肥效，提高氮肥利用率。

第六节 玉米的节水灌溉技术

一、需水规律

玉米不同生育时期对水分的要求是不同的。播种至出苗期，需水量少，占总需水量的3.1%～6.1%。玉米播种后，需要吸收本身绝对干重的48%～50%的水分，才能膨胀发芽。一般土壤水分保持在田间持水量70%左右，对玉米发芽出苗最为有利。

出苗至拔节期，此阶段玉米需水，约占总需水量的15.6%～17.8%。一般土壤水分保持在田间持水量的60%左右为好，可促根壮苗，培育壮秆。

拔节至抽雄期，此阶段玉米需水，耗水量增大，约占总需水量23.4%～29.6%。这段时间土壤水分以保持田间持水量的70%～80%为宜。

籽粒形成至蜡熟期，这时玉米对水分的敏感性虽然比前一时期有所降低，但仍需要充足的水分，才能保证籽粒灌浆和蒸腾作用的顺利进行。如此期缺水会因粒重降低而减产。因此，本阶段的田间持水量以70%～75%为宜。

蜡熟至完熟期，籽粒成熟，进入干燥脱水过程。仅需少量水分来维持植株生命活动，保证籽粒的正常成熟。

研究表明，玉米抽雄前10天（大喇叭口期）至抽雄后20天（籽粒形成期）是需水临界期。处于水分临界期的植株，对水分要求迫切，反应敏感，如水分不足，会引起雌穗小花大量退化而减少穗粒数，同时造成雄穗“卡脖旱”，雌雄穗出现间隔延长，甚至抽不出穗子，影响授粉，降低结实率，严重影响产量。

二、节水灌溉技术

玉米所需水分主要是靠降水供给。四川盆地及川西南山地玉米生产区年降水约在900～1200毫米，但分布不均，往往玉米生育需水期，出现季节性干旱。因此，降雨少或季节分布不均的地区，必须进行灌溉以弥补雨量不足，才能满足玉米生育对水分的需要。节水灌溉的基本要求是，以最少量的水，得到最多的产量。要做到节水灌溉，一是必须掌握玉米的需水规律，二是采用适当的灌水方法，三是与覆盖栽培技术的应用相结合。

玉米合理灌溉的指标，是根据玉米各生育时期所需求的田间持水量适宜指标进行的。播种至出苗所需田间持水量为70%左右，出苗至拔节为60%左右，拔节至抽雄穗为70%～80%，抽雄至籽粒形成期为80%左右，籽粒形成期至蜡熟期为70%～75%。

播种期　足墒下种，是保证苗全、苗壮的重要措施之一。播种阶段缺雨，采用播前浇水造墒或播种后浇蒙头水，均是达到适时早种和全苗的成功经验。

苗期　玉米苗期需水较少，抗旱能力较强，适当干旱锻炼，可促进根系向纵深发展，扩大肥水的吸收范围，不但幼苗健壮，而且能增强玉米生育中后期抗倒伏能力，故一般不浇水。但对麦田套种玉米，由于与小麦共生期较长，苗子生长不壮，若遇土壤缺水，天气干旱，苗子萎蔫，必须及时浇水保苗，才能增产。

拔节孕穗期　拔节孕穗期浇水可缩短雌雄花出现间隔，利于授粉，减少雌穗小花退化，提高结实率。

抽穗开花期　抽穗开花期是玉米一生中需水最多的时期，对水分反应极为敏感。农谚："开花不灌，减产一半"，说明这时灌水的重要性。此时浇透水有利受精，增加穗粒数。抽雄期浇水，可增加光合强度，使更多养分向果穗中运输。

成熟期　从籽粒形成到乳熟末期仍是玉米需水的重要时期，这个时期干旱对产量的影响仅次于抽雄期。据各地经验，此期浇水千粒重增加 18.3 ~ 36.7 克，增产 3% ~ 25%。

玉米灌水方法，主要有沟灌、畦灌、喷灌和滴灌四种，各地可因条件而采用。其中，沟灌和滴灌常与覆盖栽培技术相结合。

第七节　玉米田间管理技术

一、苗期管理

苗期管理的主攻目标是通过促控措施促进根系发育，控制地上部徒长，培育壮苗，达到苗全、苗齐、苗壮，为穗粒期的健壮生长和良好发育奠定基础。

苗期管理措施

1. 破土防旱，助苗出土

玉米播种后，常遇土壤干旱，持水量低于60%，则产生炕种、炕芽、干霉，或出土后枯死，导致缺苗。亦有播种出苗前遇大雨、暴雨，引起土面板结，空气不足，玉米幼苗变黄，潜伏于板结层下难以出土，故应注意破土及防旱，助苗出土。

2. 查苗补缺

玉米播种后常因种子质量、整地和播种质量、土壤温度、水分以及病虫害等原因造成缺苗，严重影响密度和整齐度。所以，玉米出苗后要及时查苗、补缺。玉米缺苗在二叶后一般不宜补种，否则造成苗龄悬殊，株穗不整齐，穗小空秆，失去补种的作用。因此，播种时应在行间增播1/10的种子，或按5%～10%的比例人工育苗，苗龄2.5～4叶时，在阴天或傍晚带土移栽，栽后浇水，覆土保墒。成活后追施速效化肥，促苗生长，提高大田整齐度。

3. 间苗、定苗

为了确保种植密度和整齐度，播种时一般应播超过种植密度1～2倍的种子，出苗后3～4叶期要及时间苗定株。间苗原则是间密留稀，间弱留强。地下害虫、鸟兽危害严重的地区，为避免早间苗造成缺苗或晚间苗形成老苗、弱苗，可分次间苗，第一次在幼苗3～4叶时间去过多密集的幼苗。第二次在4～5叶时结合定苗间苗，定苗要掌握定向、留匀、留壮的原则，在一穴内留苗要大小相等，整齐一致，株距均匀。

4. 水肥管理

玉米苗期需肥量不足总需肥量的10%，需水量占总需水量的18%以下。若基肥、种肥以及底墒不足，严重影响幼苗生长，除早施重施苗肥和浇水外，一般采用勤锄、深锄、轻施和偏施的管理措施，促进发根，控上促下，蹲苗促壮，为后期矮秆、大穗，基部节间短、粗，抗旱抗倒奠定基础。

5. 防治害虫

地老虎是玉米苗期主要地下害虫，另有蛴螬、蝼蛄等危害，常造成缺苗，特别是春玉米较严重，要加强防治。

二、穗期管理

穗期的生长特点：穗期是茎、叶的营养生长与雄、雌穗分化发育的生殖生长并进的双旺时期。穗期管理措施有：

1. 追肥

穗期追肥包括拔节肥和穗肥。苗期缺肥、长势差的春玉米，或生育期短的夏秋玉米和未施底肥、生长势弱的套种玉米，拔节肥与穗肥并重。拔节肥促进生长发育，搭好丰产架子。对底、苗肥充足，苗势旺，叶色深的玉米，可不施拔节肥，而在大喇叭口期集中重施穗肥，既攻大穗和穗三叶，又防止基部节间过长而发生倒伏，增产效果十分明显。

2. 中耕培土

中耕培土要结合追肥进行，一般浅锄利于根系横向分布和下扎，中耕过深伤很多，影响对肥、水的吸收。追肥结合培土，既使肥料深埋，减少养分损失，又利于支持根入土发生分支，对后期水分、养分的吸收以及抗倒起重要作用。培土的时间以追施穗肥的大喇叭口期进行为宜。如培土早，则根际温度低，空气不足，抑制节根的发生和生长，进而影响玉米产量且抗倒力减弱。

三、粒期管理

粒期主要是通过促控管理措施防止叶片退黄、根系早衰。粒期管理措施主要有以下几点：

1. 补施粒肥

在早施穗肥或用量不足，出现叶片落黄脱肥现象时，于开花或灌浆期以追肥总量的10%的速效氮肥补施一次粒肥，可起到延长绿色叶面积的功能期，养根、保叶，提高粒重的作用。

2. 去雄

在玉米抽雄散粉前拔除雄穗，让雄穗所消耗的养分、水分转供雌穗的生长发育，可使果穗增长，穗粒数和粒重增加，秃顶减轻。去雄的时间以抽雄未散粉前进行为宜，过早容易损伤第1~2片顶叶，过晚已散粉，降低去雄作用。去雄宜在晴天10~15时进行，利于伤口愈合，避免病菌感染。阴雨连绵天气不宜去雄。去雄可隔行或隔株，去弱留强，去雄不宜超过1/3。山地、坡地或迎风面的两行不宜去雄。

3. 人工辅助授粉

采用人工辅助授粉可增加授粉机会，提高结实率，一般当代可增产8%～10%，地方品种下代还能增产8%左右。人工辅助授粉宜在盛花期晴天上午9～11时；露水干后进行。可用二人拉绳或竹竿扎成的丁字形架推动雄穗或摇动植株，促使花粉散落到花丝上，隔天一次，一般进行2～3次。在花粉量不足或缺乏花粉的条件下，需要从采粉地块一次采集50～100株的混合花粉，用授粉器逐株授粉，隔天一次，连续3～4次，这种方法速度虽慢，但效果好。

4. 排水防渍

玉米乳熟期降雨过多，田间持水量长时间超过80%以上，或田间渍水，会使根系活力迅速下降，叶片变黄。也易引起玉米倒伏，应注意排水防渍。

第八节　特种玉米栽培技术要点

一、糯玉米栽培技术要点

糯玉米的籽粒不透明，无光泽，外观晦暗呈蜡质状。籽粒中淀粉均为支链淀粉，煮熟后黏软，富于糯性，食味好，与普通玉米相比，糯玉米千粒重较低，因而幼苗较弱，籽粒灌浆过程表现出灌浆期短、灌浆速度快、籽粒脱水较快的特点。其栽培技术要点如下：

1. 隔离种植

糯质玉米接受普通玉米的正常花粉后，当代籽粒就表现出非糯特性。因此，大田生产时，为确保其优良品质，糯玉米应与普通玉米隔离开，隔离方式与普通玉米杂交制种的隔离相似。

2. 造期播种

种植糯玉米的季节安排，必须结合用途等因素综合考虑。直接采摘鲜果穗上市或用于加工罐头食品为目的，首先要预测市场消费情况，科学安排生产季节。糯玉米的采收期很短，一般在授粉后的22～28天，所以必须控制在适宜的采收期内上市或加工成糯玉米产品。若需延长上市或加工时间，生产上应采用分期播种，搭配种植早、中、晚熟品种的办法，也可采用地膜覆盖或育苗移栽等技术提早上市。密度比普通玉米略高，以6.75万～9.0万株/顷为宜。

3. 加强田管

糯质玉米千粒重低，幼苗相对纤弱，不抗倒折，较普通玉米易感病害，籽粒和茎秆含糖量相对较高，易发生虫害等。因此，在田间管理上应注重以下几方面。其一：以有机肥为主施足底肥，拔节前追施两次苗肥，且适当增大磷钾肥的比例，以促进苗期根系发育，保证苗全苗壮。其二：目前推广的糯质玉米杂交种都有很高的双穗率，重施穗肥，加强后期管理，防止早衰，通过提高成穗率和千粒重可获得高产。其三：重视病虫害防治，尤其要重视对大小斑病、丝黑穗病、青枯病和黏虫、玉米螟等的防治。其四：为了提高鲜果穗的商品率，在散粉期应进行人工辅助授粉。作为鲜食嫩玉米时，采收前15天应禁止使用农药，以免造成事故和危害人体健康。

4. 造期收获

以生产淀粉为目的，收获期可参照乳线消失作为标志。鲜食嫩玉米果穗的采收以乳热期为宜，过早则糯性不够且影响产量，过迟则风味变差，具体日期应视当地的气候条件和品种自身特性而定。

二、甜玉米栽培技术要点

甜玉米因其籽粒在乳熟期含糖量高而得名，它的用途和食用方法类似于蔬菜，故又被称为“蔬菜玉米”，它还可加工制成各种风味的罐头食品和冷冻食品，因此也被称为罐头玉米。甜玉米的籽粒重量比普通玉米轻，而且表现为皱缩秕瘪，一般粒重只相当于普通玉米的50% ~70%。由于种子皱秕，胚乳比例小，贮藏养分少，不能很好满足种子萌发及幼苗三叶期前自身营养的需要，所以它比普通玉米出苗率低，苗势弱，且幼苗生长不整齐，前期叶面积增长慢。吐丝授粉后，甜基因抑制胚乳的淀粉积累和游离氨基酸向蛋白质的转化，致使叶片的光合产物向籽粒运输受阻，抑制叶片光合效率的发挥；因而生育后期早衰快。其栽培技术要点如下：

1. 隔离种植

为确保甜玉米的特性，应防止与普通玉米及其他类型甜玉米品种串粉。常用的隔离方法除空间隔离外，还有时间隔离。时间隔离主要是采用错期播种，一般错期25 ~30天，使甜玉米与普通玉米或不同类型的甜玉米花期错开。

2．适期播种，浅播保全苗

甜玉米种子含淀粉量少，出苗率低，春播应以气温稳定在12℃以上时为适宜播种期。甜玉米生育期短，一般品种从出苗到成熟只需70～90天，生产上还要根据甜玉米的特性和商品需要，即以嫩玉米鲜果穗供应市场和加工的特点，采用地膜覆盖或调节播期，延长采收期，播种深度以3～5厘米为宜，过深则苗弱。播后要适当镇压保墒，出苗后若缺苗要及时移苗补栽，以保证苗全苗壮。

3．合理密植，加强田管

甜玉米生育期短，植株较矮小，且以生产鲜食果穗和玉米笋为主，故种植密度一般应高于普通玉米30%～50%，如供采收玉米笋栽培，还可适当加大密度，以达增穗增收的目的。甜玉米出苗率较低，苗势较弱，为确保苗全苗壮，获得较高的产量和优质产品，加强苗期田间管理尤其重要。

4．适时收获

适时收获的甜玉米果穗甜度高，清香可口，而且产量高。作为鲜食普通甜玉米，应在授粉后16～18天，抽丝后的有效积温达270℃时采收。超甜玉米在授粉后18～20天，抽丝后有效积温达300℃时采收较为适宜。采下来的鲜果穗糖分下降快，因此，应做到边采摘边上市出售或加工，普通型甜玉米一般不超过半天，超甜玉米不超过1天。作为玉米笋栽培，应在吐丝后1～3天采收，先采第一穗，后采第二穗，采后及时交售罐头食品厂进行加工处理。

三、高油玉米栽培技术要点

普通玉米的籽粒含油量一般在4%～5%，而籽粒含油量比普通玉米平均高50%以上的粒用玉米称高油玉米。其栽培技术要点如下：

1. 选用良种，适期早播

由于各地条件不一，要根据生育期、丰产性、抗逆性等方面表现因地制宜选用良种。其播期应参考当地普通玉米的播种时间，提倡适时早播。在夏播区，适当早播可以延长生育期，充分利用光能、地力等生长发育所必须的条件，积累更多的养分，满足雌穗分化、形成及籽粒灌浆的需要，以期获得高产。春播区适当早播既可起到上述作用又可促进根系生长，避开地下害虫对种子及幼苗的危害。

2. 合理密植

目前我国推广应用的高油玉米品种，一般植株都比较高大，高产适宜密度应比紧凑型普通玉米杂交种的适宜密度略低。为减少空秆，提高群体整齐度，播种量要确保出苗数是适宜密度的2倍，4～5叶期间苗至适宜密度的1.3～1.5倍，拔节期定苗至适宜密度的上限，吐丝期结合辅助授粉去弱株并消灭空秆，确保群体整齐一致。

3. 控高防倒

高油玉米植株偏高，通常达2.5～2.8米，控高防倒是种植高油玉米能够获得高产的关键措施之一。可在高油玉米大喇叭口期，每公顷喷施玉米健壮素450毫升，对降低株高有明显作用。

4. 防治病虫害

高油玉米油分含量高，适口性好，虫害较普通玉米严重，管理中要严格采取措施防抬。

四、高赖氨酸玉米栽培技术要点

高赖氨酸玉米是普通玉米通过遗传改良，使籽粒中赖氨酸含量提高70%以上的特种玉米，又称优质蛋白玉米或高营养玉米。其栽培技术要点如下：

1. 隔离种植

为了确保高赖氨酸玉米的特性，生产上大面积种植时，需要和普通玉米进行隔离，避免串粉。根据试验，空间隔离要求在200米以上，且宜选择光照较充足的地区和地块种植。

2. 科学施肥

目前推广的高赖氨酸玉米穗形大、籽粒灌浆期偏短，影响粒重提高。在施肥上要注意基肥中增施磷钾肥，巧施穗肥。抽雄前后可每公顷追施300~450公斤硫酸铵或相应其他速效氮肥，以保证开花后的植株不早衰，增加粒重，确保高产。

3. 合理密植

每个品种的适宜种植密度都随气候、土质、生产条件等的不同而存在差别。目前推广的中单206杂交种以每公顷6万株为宜。因高赖氨酸玉米出苗较差，为确保全苗，可适当增大播种量。

4. 适时收获，及时晾晒

高赖氨酸玉米的收获期不宜太迟，正常情况下，苞叶变黄就是成熟的标志，也有的品种苞叶还是青绿时即已成熟，籽粒的干物质不再增加。高赖氨酸玉米成熟后籽粒的脱水较慢，含水量比普通玉米籽粒成熟时要高，收获后要及时晾晒，避免霉烂。

五、青饲玉米栽培技术要点

青饲玉米是近年来玉米结构调整、适应畜牧业发展需要的新类型，它是以收割鲜嫩植株或在乳熟期收获整株为主的玉米品种。目前，四川应用的青饲玉米主要有青贮玉米和分枝型青饲玉米两种类型。其栽培技术要点如下：

（一）青贮玉米

青贮玉米是指乳熟期收获整株或茎叶青贮的玉米。为实现生物产量的最大化，当前选用的该类型专用品种植株高大、叶片宽大、株型松散，如近几年引进的科多1号、科青1号、科青8号等。但这些品种在生产上存在倒伏（进入穗分化前）现象，导致产量和营养品质下降。因此，其栽培技术除采用一般玉米高产栽培技术外，还应当重点抓好以下三项技术：

1. 早播蹲苗

在气温稳定通过12℃或地膜覆盖9℃时及时播种，采用育苗移栽或适当深播技术均有利于蹲苗。

2. 适当密植与控氮增钾相结合

青贮玉米在四川的合理种植密度为5.4万~6万株/公顷；氮肥控制在使用纯氮180千克/公顷，并应坚持前重后轻的施用原则，即底肥、苗肥、攻穗肥按4：3：

3 比例施用。同时，增加钾肥的使用量，每公顷施用氧化钾 180 ~ 210 千克有利于高产。

3. 适时收获

青贮玉米适时收割能获得较高的生物产量和营养价值。专用青贮玉米在籽粒乳熟末期至蜡熟初期收获，可增加籽实部分，单位面积可消化养分总量增多；兼用型青贮玉米应在蜡熟末期采摘果穗，趁“活棵”及时抢收茎叶用于青贮。

（二）分枝型青饲玉米

该类型玉米是以收获鲜嫩茎青叶直接或经粉碎后饲喂牛、羊、猪、鱼及兔、鹅等为主的新玉米类型。其栽培技术要点如下：

1. 选用良种

一般选用丛生、多分蘖、茎叶繁茂的玉米野生近缘属植物，如墨西哥玉米；还有以玉米野生近缘属为材料育成的新型青饲玉米，如四川农业大学玉米研究所近年来选育并通过审定的玉草 1 号（多年生、可再生、可多次刈割）、玉草 2 号（一年生，不可再生，刈割一次）等饲草玉米品种。播种时应对这些品种的种子进行精选。

2. 精细整地

选择向阳无阴蔽、能灌能排、肥力较高的优良地块。因该类型品种种子粒小顶土力弱，播种前应精细整地，适当翻耕 15 ~ 20 厘米，同时结合翻耕施用有机肥 3 万千克/公顷、尿素 75 千克/公顷、磷酸二氢钾 375 千克/公顷作基肥。

3. 适期播种

当土壤播种层的温度稳定在14℃～16℃时即可播种，如果是牧场，应根据青饲料需要确定播期，可春播、夏播或秋播，也可采用错期播种技术以保证青饲料供给。播种方式可直播，但育苗移栽效果更好。

4. 合理密植

合理密植可增加单位面积生物产量，生产上适宜密度为5.25～6万株/公顷，并应随播期早晚做适当调整，春播可适当降低密度，夏秋播应适当增加密度。

5. 增施肥水

由于此类型青饲玉米分蘖力强、生长速度快，故需肥水量较大，重点是施足底肥，苗情酌情追施提苗肥，在每次刈割后，应以适量氮素为主兑匀人畜粪水泼洒留茬，以肥水促分蘖迅速萌发快速生长。全生育期施氮量应在300千克/公顷（折纯氮）以上。

6. 适期刈割，高留桩

适期刈割既有利于提高产量、品质，又能促进分蘖。该类型玉米如玉草1号、墨西哥玉米以每年刈割3～4次为宜，具体刈割时间应综合其生育进程及养殖场青饲料需求等因素决定。每次刈割留茬高度应在15～20厘米为宜，过低过高都不利于分蘖再生和生长。

第四章 甘 薯

第一节 甘薯生产概况

甘薯在我国各地别名很多，有白薯、红薯、山芋、红芋、番薯、地瓜等名称，栽培历史有四百年左右。它的产量高，用途广，适应性强，既是我国粮食作物之一，又是饲料和工业原料作物之一，茎尖还可充作蔬菜。

一、甘薯生产在国民经济中的地位

甘薯是兼具粮食和果蔬营养的食品。

甘薯作为工业原料，用途很广，加工的各类薯产品日益受到国内外消费者的欢迎。甘薯综合加工利用的途径大致分为三类：一是工业加工。除了少量利用鲜薯外，大部分是利用薯干、淀粉为原料，加工产品以淀粉、白酒、酒精、柠檬酸、味精、果葡糖浆、饴糖（麦芽糖）等产品生产规模最大。二是食品加工。利用鲜薯或薯粉制成各种副食品，如粉丝、蛋苕酥、薯脯、“连城地瓜干”、甘薯罐头等；三是饲料加工。甘薯的茎叶、薯块、薯干以及工业加工后的副产品除了制作青贮饲料和发酵饲料外，还可利用薯干、茎叶等制成配合饲料。

此外，随着石化能源日益枯竭，利用甘薯生产燃料乙醇被提到议事日程，四川省发改委已编制《四川省生物能源——燃料乙醇发展专项规划（2008～2012年）》，将进一步增加红苕加工利用的规模和提高红苕的经济价值。

甘薯是发展畜牧业的优质饲料作物。薯块、茎叶及加工后的副产品均可作为牲畜饲料，其营养价值与豆科牧草相近。四川农民历来有以甘薯藤叶喂猪的习惯，甘薯生产与养猪业和粮食生产的发展，有相互促进的作用。

二、甘薯的分布及生产概况

甘薯除我国部分严寒地区外，几乎各地都有种植，主要分布在黄淮平原、四川盆地和东南各省（区），以四川、河南、山东等省生产最多。我省红苕种植广泛，主产区集中在盆中及川东北丘陵地区，常年种植面积1200～1400万亩，约占全国红苕面积的16%，居第一位，10万亩以上的县45个。1998～2007的近10年来，由于农村劳动力缺乏，红苕的加工转化率低，比较效益不高等原因，四川红苕面积逐年下滑，单产有所提高，总产基本稳定。1998～2007年全省年均种植面积1314万亩，占全年粮食播面的13%，年均总产量357万吨（折原粮），占全年粮食总产的10%左右。2007年红苕面积1267.6万亩，总产365万吨（折原粮），分别占全年粮食的10.6%和12.6%。

近年四川省甘薯生产有很大的发展，种植面积扩大，总产和单产显著提高。甘薯科研工作也取得了显著成绩，如新品种川薯34、川薯27、南薯88、南薯99等选育和推广，塑料薄膜在甘薯育苗上的运用，脱毒种薯的推广应用，改独埂大厢为梯形厢栽苕等技术措施的推广，有力地促进了甘薯生产的发展。

第二节　甘薯的高产栽培技术

一、选用良种

生产实践证明，选用对路的优良品种是甘薯生产中一项投资少、收效大的增产措施。每一个甘薯品种都有其独特的地区适应范围和台位适应能力，有的品种耐肥力强，适宜种肥地；有的品种耐旱、耐瘠力强，适宜种山坡薄土。所以，不能认为凡是新品种随便种在什么地方，或无论种到哪个台位都好。生产上必须根据各个品种的特性搞好布局，把每个品种种植在它最适宜的地区范围及相应的台位上，发挥良种的最大增产潜力。选用品种应注意以下几点：

1. 根据不同台位因地制宜布局品种

四川省栽培甘薯的地块有明显的垂直分布特点，即山顶（三台土）、山腰（二台土）、山脚（一台土）都有甘薯栽培。三台土土层薄，保水、保肥力差，又不耐旱，肥力水平又低，适宜种抗旱力、耐瘠力强的品种；一台土土层厚、肥力高，施肥水平也高，但排水不如二、三台土好，容易遭涝害，宜种植耐肥、耐湿性好，丰产性好的品种；二台土兼有三台土排水良好、不怕秋涝和一台土肥力水平高、土层厚、不怕干的优点，是最适合甘薯生长的台位，宜安排增产潜力大的品种。

2. 依据海拔高度来布局品种

四川省甘薯面积集中分布在海拔150~800多米范围内。海拔高度的不同，必然导致甘薯大田生育期的差异。在低海拔地区，甘薯5月中旬即可栽插，到11月上旬才收挖，大田生育期长达170天左右，宜选用中晚熟品种，以发挥其最大潜力，在高海拔地区，甘薯6月底7月初才能栽，10月中、下旬就要收挖，大田生育期只有110天左右，生育期比低海拔地区少50~60天，为了充分利用季节获得较高产量，适宜栽种茎叶生长迅速，结薯早、膨大快的早熟种，且要求萌芽性好，才利于克服育苗阶段的低温。

3. 依据用途来选用品种食用品种要求养分含量高（包括淀粉、蛋白质、维生素等），食味香甜和耐贮藏：

工业原料用品种，要求淀粉含量高，淀粉粒较大且均匀（如加工酒精用，淀粉粒大小关系不大），蛋白质、糖分、纤维及多酚物质含量低，收获后糖分转化慢；饲料用品种要求茎叶茂盛，再生力强，生长快，叶大无苦味，薯块产量及蛋白质、淀粉、胡萝卜素含量均高，并适于青贮。

四川省甘薯栽培面积大，分布广泛，各地的气候、栽培制度及土质等条件不完全相同，甚至在同一地方也有差异，因此各地都应根据具体条件和品种特性选用相适应的良种。一个地方种植品种不可能单一化，但也要避免栽培过多的品种，以防止发生良种的混杂、退化现象。近年来，四川省甘薯栽培的品种较多，种植面积较大的有南薯 88、南薯 99、川薯 101、绵薯 4 号、川薯 27、绵粉 1 号、英豪 1 号、渝薯 303、徐薯 18、川薯 27、宿芋 1 号、农大红、万薯 53、红皮早、胜利百号和南瑞苕等。

二、地膜育苗

（一）育苗

育苗是甘薯生产过程中一个极为重要的环节。培育足够的壮苗是早栽、密植，夺取甘薯高产的基础。衡量育苗技术高低、成效好坏，一般有以下四项指标：

1. 产苗早

要求在小春作物收获基本结束时能产出苕苗。产苗早并不是越早越好，而是要和当地的栽插季节、茬口相衔接。例如，盆中地区小麦一般在 5 月上、中旬成熟，栽小麦土的苕苗就应在 5 月中旬产出来。如果育苗不和茬口相衔接，盲目过早育苗，就会出现苗等地的现象，导致基部叶片黄落，茎秆老化，薯苗纤细，降低薯苗素质。反之，如果育苗过迟，又会出现地等苗的问题，前作物收了，栽苕季节到了，薯埂刨起了，雨也来了，就是苕藤还没有长出来，这样就贻误了栽期。等薯苗长足了才栽，无疑缩短了大田生长期，结果产量大大降低。因此，只能在适时范围内求早，适时育苗，达到栽期到，苕苗足。或者宁愿略为偏早几天产出薯苗，留有余地，也不偏迟。

2. 苗足

就是薯苗的数量要多。单纯苗早而数量不足还是达不到早栽的目的。因此，要求在早产苗的同时还必须育出足够的薯苗，才能扩大早栽面积，做到合理密植。

3．苗壮

壮苗和早栽是增产的两个重要条件，二者缺一不可。若培育的薯苗只早不壮，大田栽的都是藤细、节稀的弱苗，虽做到了早栽，也会由于弱苗发根难，有根也细小，成活率低，产量低，都分地抵消了早栽增产的优势，就会出现早栽了并不增产；如培育薯苗只壮不早，大田栽的虽然都是壮苗，同样会因栽期迟，生长期短，甘薯也不可能获得增产。因此，只有做到壮苗早栽，才能得到最大的增产效果。

4．成本低，经济效果好

评价一种育苗方法有无推广价值，除了在技术上达到产苗早、足、壮外，在经济效果上还必须做到成本低、方法简、易操作。地膜育苗的成本低廉，加之方法简便，效果好，很快为广大农民所接受。

（二）块根的萌芽习性及影响萌芽的外界因素

1．块根的萌芽特性

甘薯块根没有休眠期，只要温度、湿度、空气条件适宜，它就可以发出芽来。所以，无论是正在收挖的薯地里，或入窖的初期，或早春出窖殡种之时，都能见到有萌芽的薯块。薯块上的芽没有固定位置，叫做不定芽，或潜伏芽。在苕块表面常能见到许多凹陷的小点，叫做根痕或根眼。不定芽常与根眼伴生，发芽时先是根眼处出现白点，俗称“爆口”或“发癞”，然后生出芽来。不定芽是从不定芽原基萌发出来的。不定芽原基是在薯块膨大过程中就分化形成的，它的数量很多。实践证明，育苗方式及其所处环境条件的不同，芽原基萌发成幼芽的数量也不相同。因此，改进育苗技术，最大限度地满足薯块萌芽对温、湿、气等环境条件的要求，就能长出更多的芽子来。据调查，1 个 200 克重的薯块，在露地育苗情况下，一般萌芽 10 ~ 20 个，而在高温催芽时，则可萌芽 70 ~ 80 个。薯块的上、中、下三个部位都有不定芽，但由于部位不同，不定芽的数量和质量是有差别的。发芽时，薯块连着薯鼻的那一头，即上部萌芽早而多，约占薯块萌芽总数的 65%，中部次之，占 26%，尾部少而出苗慢，仅占 9%，表现出明显的“顶端优势”。下种时就要利用这种顶端优势，做到头朝上，尾向下，才能使出苗快而多。同一品种，苕块大小不同，萌芽快慢和单薯萌芽数的多少也不同。小薯皮薄萌芽快，萌芽数少；大薯皮厚萌芽慢，但萌芽数较多。用大薯做种，苗子虽壮，但产苗量少，成本高；用小薯做种，苗子虽多，但薯苗弱，素质差。故薯种过大过小都不适宜，一般以 100 ~ 250 克的中等薯块做种为好。贮藏条件对薯块萌芽快慢也有影响。用高温窖贮藏的甘薯具有萌芽较早、较多的特点。据南充县农技站观察，同样在露地育苗情况下，用高温窖贮藏的薯种，齐苗期比旧窖贮藏的早 7 天，其单薯萌芽 14.4 个，比旧窖贮藏的单薯萌芽 10.6 个多 3.8 个，高 35.85%。

2. 块根发芽出苗对环境条件的要求

薯块萌芽要求的外界条件主要有温度、水分和空气，其中，对萌芽速度和数量起主导作用的是温度。至于光照和养分，都是萌芽出土以后薯苗生长的必要条件，但不是萌芽阶段的必要条件，所以没有光，不供给养分，只要满足了温、水、气三个条件的要求，苕块照样可以萌芽。

温度　薯块萌芽的最低温度为16℃，最高温度为35℃，当温度超过35℃时，对薯块萌芽就会产生抑制作用。在16℃～35℃范围内，温度愈高，苕块萌芽愈快，萌芽数也愈多。

水分　薯块本身虽含有较多的水分，但不能满足萌芽的需要，必须供给充足的水分，萌芽过程才能正常进行。萌芽期间如果水分供应不足，薯块就只萌芽而不发根，而且萌芽少而慢。出苗后水分过少，则根系不伸展，影响养分吸收，幼芽生长慢，叶小节短茎细，易形成老苗。所以，在苕块萌芽期间，苗床土壤应经常保持湿润状态。

空气　是薯块萌芽必需的条件之一。薯块在贮藏过程中呼吸作用较弱，耗氧量不大，当进入萌芽状态时，呼吸作用强度随之急剧上升。

3. 因地制宜选准对路的育苗方法

四川省甘薯育苗的方法很多，有露地育苗、地膜育苗、酿热温床育苗等等。不同的育苗方法直接关系着出苗数量、薯苗质量和供苗时间。究竟选用什么育苗方法是一个十分重要的问题。总的来讲，育苗方法一般应根据当地的海拔高度、气候条件、耕作制度来确定，不能搞一刀切。

四川省沿江河两岸海拔200米以下的河谷地带，春季气温回升早，热量资源丰富，只要殡足薯种，搞露地育苗就能做到产苗早、壮、足。小春作物一收，薯苗就长足了，这一区域就用不着盖膜，可以露地育苗为主。海拔200米以上至400米左右的浅丘地区，早春气温回升约推迟10天至半个月，甘薯育苗所需的热量资源不足，必须采用地膜覆盖增温的办法增加热量，才能确保壮苗早栽的需要。这一区域应以地膜覆盖引苗出膜的一段育苗法为主。海拔400米以上至600米上下的深丘地带，春季气温回升更迟，甘薯育苗所需的热量资源严重不足，就是采用地膜覆盖引苗出膜的办法也不能达到早栽对薯苗的需要。可采用先地膜平盖，待薯苗萌动拱土时，再搭架起拱为拱架盖膜，以延长薯苗保温期的办法来促苗快长。海拔700米左右的山区，要搞酿热温床加上薄膜覆盖的增温办法，才能确保壮苗早栽对薯苗的需要。

4. 地膜育苗的技术要点

（1）苗床地选择背风向阳、水源方便、土层深厚、土质肥沃的壤土，深翻耙细，整平后开厢。厢面宽度要依膜宽而定，一般应掌握比膜宽窄30厘米为宜。为了盖膜后有利排除厢面积水，厢面应做成中间略高的瓦背形。

（2）深挖薯窝、重施底肥，殡种密度与薯苗壮弱程度最为密切。殡种过密，单位面积内芽数过多，薯苗拥挤而纤细；殡种过稀，又浪费地膜和苗床地。据试验，以采取窝播，40 ~45厘米见方开窝，每窝播两个薯块的密度为宜。每亩苗床地施过磷酸钙25千克，优质堆渣肥700~1000千克，碳铵15~20千克，混合均匀后施于窝底，再亩施50~60担水肥浸泡窝子，收汗后即可殡种。

(3) 适时殡种。盆中薯区，一般以惊蛰前后殡种为宜。要选无病、无虫、中等大小的健薯殡种，做到头朝上，尾期下，上齐下不齐。然后覆盖细土，再把厢面做成瓦背形。殡种量掌握每亩大田殡种50公斤，以确保一发藤子栽齐。

(4) 平盖地膜、引苗出膜。殡种盖土后在厢沟四周平铲浅沟，然后盖膜。使膜面紧贴厢面，膜的四周用细土压实封严，以利增温保湿。苕种出苗前要经常检查地膜是否压实盖严，厢面是否有积水。薯苗出土后，要及时用小刀在出苗处将地膜划一小口，引出薯苗，并随即用细土盖严破口，使薯苗伸出膜外继续生长。如不及时引苗出膜，晴天膜内温度很高，容易造成烧苗。薯苗出土有早有迟，破膜引苗要经常及时进行，直至薯苗出齐为止。薯苗出齐后，及时用清淡粪水对准膜孔浇灌追肥。苗高20厘米左右时，除施用农家水粪外，还应增施速效氮肥，同水粪一起混匀追施，加速薯苗生长，力争多产苗、产壮苗。

三、壮苗早栽

(一) 壮苗与增产的关系

选用壮苗栽插是实现甘薯增产的重要条件之一。生产实践证明，薯苗素质与增产的关系十分密切，主要表现在以下几个方面：

1. 插条部位

国内外资料一致证明，尖节苗比中节苗产量高，中节苗又比基节苗产量高。据西充县农业局试验。把每根薯藤剪成5个节段分区栽插，比较其产量。若以尖端段亩产2229公斤为100%，则倒5段的亩产1372公斤为61.6%。由此看出，由顶往下各节段的产量趋势大约是：每向下1个节段要减产10个百分点。也就是说，假如甲地全栽尖节苗，设其产量为100%。乙地栽的藤蔓稍长，每根都剪成两节栽，由于倒2段要减产10%，全田平均就要减产5%。丙地若栽的藤蔓更长，每1根都剪为3段栽，由于倒2段减产10%，倒3段减产20%，则全由平均减产10%。依此类推，藤蔓每增加1个节段，就会使全田产量下降5%，这就是藤蔓越长越减产的道理。这个问题告诉我们，在甘薯育苗技术上应当提倡多育短壮苗，才能使尖节苗在群体中的比重增大而提高产量。尖节苗组织柔嫩，顶端优势强，细胞分生力强，木质化程度低，发根力强；而基部苗组织老化，细胞分生能力弱，木质化程度高，栽后发根慢而少，生长缓慢，产量低。南充市农技站用川薯27试验，将薯苗剪为3段栽插，栽后24~53天，测定，单株叶面积增长量，尖节苗平均每天52.5平方厘米，中节苗为38.9平方厘米，基节苗17.2平方厘米。证明尖节苗栽后生长速度远远超过基节苗。

2. 100苗插条重

它是把插条长度和粗度统一考虑的综合指标。在插条长度为4~5个节，或15~20厘米长的情况下，100

苗插条重与产量成正相关。苍溪县农业局用川薯27作了100苗插条重与产量关系的试验，结果100苗插条重0.75千克的亩产鲜薯716千克，若以此为100%，则100苗重1千克的亩产为117.2%，100苗重1.25千克的亩产为131.9%，100苗重1.5千克的亩产为151.5%。即100苗插条重在0.75～1.5千克范围内，每提高0.25千克，鲜薯亩产就相应提高122千克。这是因为插条愈重，所含养分愈充足，栽后发根能力强，发根多而散。

3. 薯苗是否感病

据试验，病株较健株减产17%～18%。栽插病苗是引起单产下降的重要原因。

（二）壮苗的标准

什么样的薯苗才叫做壮苗？从形态特征上讲，应侧重以下几个方面：从茎部看，要藤粗，节间短，节上根原基发达而没有白根；从叶部看，要顶叶齐平，叶片肥厚，大小适中，颜色浓绿，嫩叶不皱缩，不花叶，脚叶不枯黄；从剪口看，要浆浓而多；从重量看，要求100根插条（每根长4～5个节）重1.5千克以上；从插条部位看，以尖节苗好于中节苗，中节苗又好于基节苗；从群体看，以尖节苗在全部薯苗中占的比重越大越好。剪口浆浓表示薯苗养分含量多，生命力强；顶叶不皱缩、不花叶，表示没有病毒病；脚叶不黄落说明苗床密度适宜，薯苗老嫩适度；茎部无白根，表示苗床中湿度适宜，通风透光条件良好。壮苗之所以增产效果显著，就是由于插条内贮藏的养分多，生活力旺盛，栽后发根快，抗逆力强，成活率高，且成活后生长速度快，分枝结薯早而获高产。

（三）早栽与增产的关系

什么叫早栽？20世纪80年代以前，四川省对甘薯栽插期的划分都以芒种为界，无论什么地方，凡芒种前栽的红苕，一律叫早栽；芒种后栽的红苕，统统叫迟栽。这样就犯了“一刀切”的毛病。

四川省属夏薯区，夏薯的栽插期已不受温度条件的限制，而受前作物收获期的限制。从四川省耕作制度看，甘薯为小麦、胡豆等小春作物的后作，就以小麦而论，川东低海拔地区的小麦，最早可在5月初收获，而川西北高海拔地区的小麦，要6月底才能收获，两者相差50～60天。因此，对甘薯早栽迟栽的划分，不能用一个固定的时间标准。过去以芒种为界，仅仅是依据盆中海拔300～500米薯区的实际情况提出来的，它既不适用于川东低海拔薯区，也不适用于川西北高海拔薯区。四川省作物学会薯作专业委员会针对上述问题，对全省甘薯产区进行了实地考察。依据四川省甘薯栽培位置有垂直分布的特点，和甘薯在旱地耕作制度中的位置，提出了早栽标准的划分必须根据海拔高度进行分类指导。海拔300米以下的地区，小麦在5月初成熟，小满前后栽薯即为早栽；海拔400～600米的地区，小麦在5月中下旬收获，芒种栽苕即为早栽：海拔700～800米的地区，在夏至栽完甘薯在当地也叫做早栽。分别迟于这些时候的才叫迟栽。其共同原则是以当地小春作物收获后10天以内栽的甘薯为早栽，否则为迟栽。

早栽是四川省甘薯抗灾增产的关键措施之一。南部县农业局作甘薯不同栽插期试验；从小满（5月23日）栽到夏至，每5天栽一期，结果明显看出，甘薯的产量随生育期的缩短而依次递减。如以芒种即6月7日栽的这期为中线来分析，芒种后栽的甘薯减产幅度较大，若迟到夏至栽薯，其减产幅度更大。资中等地试验结果也与南部趋势一致，充分证明了早栽的增产优势。此外，早栽还有提高薯块干物质含量和提高大薯率的作用。这是因为，栽插愈早，生育期愈长，薯块就长得愈大，干物质含量就愈高。营山县农科所对川薯27薯块干物质含量测定结果是：生长期35天，干物质含量19%；125天上升到29.1%；149天达到31.7%。

（四）套作甘薯早栽的适宜范围

四川省套作甘薯的栽插期，除受前作小春作物收获期的制约外，还要受玉米共生期的制约。生产实践证明，栽薯服早，在玉米抽雄前就栽，与玉米共生期长达50天但薯苗在玉米行间得不到充足的光照，长期处于光饥饿黏土较浅。遇到干旱威胁时，不论何种土质和栽插法都应适当深些，以利成活。二是适当增加插苗入土节数能增加结薯数。通常一根6~8节的薯苗，入土至少要有3~5个节。三是插苗后盖土要按紧，使入土节位与土壤密接，有利发根和成活。但黏重湿土不宜压紧，否则土壤板结，反而影响成活。四是浇透水。插苗后除阴雨土湿外，都应浇透水，使土壤上下接潮，以利发根成活。

四、合理密植

甘薯栽插密度是栽培技术中一个重要问题。合理密植，就是因地制宜地确定适宜的栽插密度，达到个体发育良好，群体结构合理，最大限度地利用光能和地力，发挥群体生产优势，提高单位面积产量。甘薯单株产量的变幅比较大，在群体栽培条件下，其个体生长的自动调节能力又比较强，所以，合理密度范围就比较大。套作甘薯在亩栽3000~7000株条件下，都有可能获得较高产量。与净作甘薯比较，套作甘薯前期受玉米阴蔽，中期遭伏旱，后期遭秋绵雨危害，其个体发育大受影响，单株产量就达不到净作栽培那样高的水平，只有适当增大密度，增大群体，才有利于提高群体产量。

从四川省生产现状看，各地栽插密度不一致。川中薯区多数县套作甘薯亩植株数都不足3000株，但仁寿、井研、阆中等县的部分乡，亩栽密度却达5000~7000株。从各地试验、示范资料看，套作甘薯多数都是以亩植3500~4000株的产量最高。少于3000株，虽然大、中薯多，单株薯重增加，因亩植株数少，难获高产。超过4500株，虽然薯块总产量较高，也因小薯较多，大、中薯较少，降低了薯块利用价值。净作甘薯应以亩植4500株左右为宜。

套作甘薯的栽插密度受土壤肥力及施肥水平、栽插早迟、作埂方式、台位高低等多种因素的影响。土壤肥力水平高，或施肥水平高的，甘薯个体发育良好，单株产量高，宜适当稀植；反之宜密植。栽插愈早，甘薯生育期愈长，单株产量高，宜栽稀点；栽插愈迟，生育期愈短，愈要相应增大密度。低台位宜稀点，高台位宜密点。埂作栽培有利薯块膨大，单株产量最高，宜稀植；平作栽培，单株产量低，宜密植。

五、田间管理

根据甘薯不同生长时期的生长特点及其对外界环境条件的要求，结合栽插期、品种及水肥条件，因地、因时、因苗，正确采用田间管理措施，以获得稳产高产。

（一）查苗补苗

甘薯栽插后，常因干旱、弱苗、病虫危害或栽插技术不当等原因，造成死苗缺株，因而需要查苗补苗。查苗补苗愈早愈好，宜在插后两周内完成。补苗过迟，后补者形成弱苗小株，降低产量。补苗时要选择壮苗补插，并浇透水，成活后追施“偏心肥”，促使小苗快发，赶上大苗。或在大田栽插同时，在地表栽些备用苗，缺株时把备用苗带土挖起，移栽补苗，成活较快。

（二）中耕、除草和培土

中耕对甘薯根系、茎叶及块根生长和产量有很大影响，据原中国农科院甘薯研究所试验，中耕一次、二次比不耕的分别增产13.2%与15.5%，中耕时间多在插后10余天至封垄前，一般进行2～3次，如遇多雨、垄土潮湿或杂草较多，还应增加中耕次数。中耕深度应掌握由深到浅。第一次中耕，因根系还不发达，可深些。以后每隔10～15天中耕一次，深度渐浅。藤头附近只需刮破地皮、以免伤根。经雨水冲刷或中耕，都会使垄土下塌，需重新壅土，培成原垄。及时培地有利根系伸展，并可防止露薯变质和病虫危害。通常培土结合中耕进行，第一、二次中耕培土结合轻沟薄培，封垄前普遍进行一次中耕培土，并要求培成原垄，切忌培高培宽。培得过高，把土压在藤头上，就会使结薯节位处在土壤深层，因地温低和通气差，不利于薯块膨大；培得过宽通气也差，同样影响薯块生长。

（三）穿林追肥（甘薯对养分的要求与吸肥特性、施肥技术）

1. 甘薯对养分条件的要求

甘薯根系发达，吸收水肥能力强，生物产量和经济产量较一般作物高，在瘠薄土地上种植，也有一定收成。但为发挥甘薯的高产性能，仍必需供应足够的养分。甘薯一生中需钾最多，其次是氮素，再次为磷素。

甘薯缺钾症状：当叶片含钾量小于占干重的0.5%时，表现出生长早期节间和叶柄变短，叶片变小，接近生长点的叶片略呈灰白色，表面凹凸不平，生长后期老叶脉间严重缺绿，并逐渐坏死脱落。

甘薯缺氮症状：当叶片含氮量低于占干重的2.5%时，光合强度降低；低于1.5%时植株表现缺氮症状，叶色转淡，生长缓慢，叶片变小，出叶数减少，养分积累少，块根产量低。但氮素过多，容易引起茎叶旺长，地上部消耗养分过多，同时根部中柱细胞木质化程度加快，不利于块根形成和膨大，降低产量和品质。

甘薯缺磷症状：当叶片含磷量低于0.1%时，出现缺磷症状，表现为幼芽、幼根生长缓慢，叶片变小，叶色暗绿或少光泽，茎蔓伸长受阻，茎变细，老叶出现大扎黄斑，以后变为紫色，不久叶片脱落。

2. 施肥技术

四川省甘薯生产，都是小春一收就刨埂栽薯，习惯不施底肥，只在玉米收后施一次追肥。套作甘薯怎样施肥才科学？经多年反复试验，在劳力、肥料充足的地方，先施包厢肥，薯苗成活后再施一次追肥。一般田块只进行一次穿林追肥。

深施包厢肥。四川省薯区以“麦/玉/苕”三熟制为主。小麦收后，结合作埂给甘薯施包厢肥，在大面积实施起来确有困难，主要是双抢大忙，没有劳力去搬运大量的肥料施作包厢肥。但从小区试验和一些高产户的经验看，施了包厢肥的都有明显增产效果。总结各地经验，给甘薯施包厢肥要掌握两条原则，一要以有机肥为主。如堆渣肥，油枯，收小春后的麦壳、油菜壳等，它们既可以供给甘薯丰富的氮磷钾，又能使土壤疏松，提高土壤保肥保水能力，还具有防旱抗旱作用。二要集中深施。将上述肥料用作包厢肥集中深施。有机肥施入底层，地温低，肥料分解缓慢，肥效长。甘薯在生育前期主要靠分布在土壤表层的“茎根”起吸收作用。到了生育后期，“茎根”已大部枯死，自块根发生的“薯根”逐步担当起了吸收养分的作用。但由于它分布在心土层，所以，事先将底肥深施，到了生育后期，就恰好被“薯根”吸收利用。这对于后期块根膨大是极为有效的。

适时穿林追肥。甘薯在净作条件下，早追肥比迟追肥增产，这是各地一致证明了的规律。但是，在套作条件下，由于与玉米有 50 天左右的共生期，如果追肥过早，收玉米前 40 ~ 50 天追肥，玉米还没有开花，正处于喇叭口期，其地下根系吸收功能正强，与甘薯争肥、争水矛盾激烈；其地上叶面积系数还未达高峰期，对甘薯荫蔽正在日趋严重。此时追肥，虽供给了氮素营养，由于光照、土壤水分等条件的制约，并不能促进藤叶早发，反而造成肥料的浪费。如果追肥过迟，玉米收后才追肥，因前期得不到充足的氮素供应，藤叶生长最小，到了生长中后期，本应转入薯块膨大阶段，此时却因氮肥过多，促使地上藤叶猛长，最后生物总产虽高，但因藤叶过于旺盛，经济系数低，薯块产量不高，增产亦不显著。据试验，同样多的肥料，仅仅追施时间不同，其增产效果大不一样。收玉米后追肥的亩产鲜薯 1081 千克。收玉米前 20 天穿林追肥的，高产鲜薯 1233 千克，亩增 152 千克，增产 14%。以收玉米前 20 ~ 30 天追肥的产量最高，因为此时追肥正赶上收玉米后甘薯藤叶生长高峰期对氮素的需要。其次，玉米在收前 20 ~ 30 天，其根系的吸收功能正逐渐减弱，与甘薯争肥、争水的矛盾愈来愈小，玉米叶面积系数也逐渐下降，使甘薯的光照条件逐步得到改善，肥料一施下去就能发挥作用。

甘薯穿林追肥要以腐熟了的人畜粪水为主，根据土质肥瘦不同，亩追人畜粪水 20 ~ 40 担及适量氮素化肥。掌握亩追纯氮量一般田块 3 千克左右，肥土可少点，瘦土 4 ~ 5 千克为宜。

近年来，一些地方实践表明，在有条件的情况下，还可视土壤、气候和甘薯的田间长势，酌情于 8 月下旬至 9 月上旬增施一次以农家肥为主、配合适量速效氮钾肥的“长薯肥”，一般以氮、钾为主，亩施稀薄人粪尿20～30担或氮素化肥5～7.5千克对水浅施，另外可施草木灰150～200千克或用硫酸钾10千克对水浇施，增产效果也较明显。

根外追肥一般在收获前40～45天进行，也有一定增产效果。常用肥料有2%～3%过磷酸钙液，1%硫酸钾液，或5%～10%过滤草木灰水，每亩喷液75～100千克，每隔10～15天一次，共喷2～8次。对长势较差的则可喷施2%尿素液。

4. 灌溉与排水

薯苗栽插和前期生长阶段，需水敏感，部分地区常发生夏旱，影响按时栽插和栽后发根成活以及茎叶生长和块根形成。特别是栽苗后，若干旱无雨，应每天浇水，连续进行2～3次，促进薯苗发根成活。灌水时应小水穴浇，不宜灌水浇苗，以防土壤过早沉实，影响根系生长和结薯。甘薯生长中期，地上部旺盛生长，块根已开始迅速膨大，同时由于温度增高，植株蒸腾量和地面蒸发量加大，是需水最多时刻。一些主产区在此阶段常出现不同程度“伏旱”天气，对地上、下部生长及产量影响非常严重，应该尽量创造灌溉条件，争取早灌、浅灌、勤灌。连续高温干旱时，一般每隔10天灌水一次，对块根膨大十分有利。

甘薯生长后期，常常秋雨过多，土壤湿度过大，甚至田间积水，易造成茎叶徒长，对块根膨大也极为不利。多雨地区及低洼地块，除在整地时做好高垄深沟和排水沟外，生长期还应根据雨湿情况及时排水，防止垄土过湿和受涝。生产中还可按植株生长状况掌握灌排，如茎叶有徒长趋势时，应控制水分供应，以水控肥，控制徒长。又如在正常生长情况下，晴天中午甘薯叶片蔫萎后恢复缓慢的，显示植株已受干旱影响，应及时灌溉。

5. 藤蔓管理

各地栽培甘薯多有翻蔓习惯，一般认为翻蔓能拉断不定根，抑制茎叶徒长，并且便于中耕除草，是一种有益的措施。但大量事实证明，翻蔓害多利少，除在前期为便于施肥、中耕、培土，以及多雨受涝后便于开沟排涝等田间管理措施外，不应单独进行翻蔓。据中国农科院甘薯研究所统计，1947~1961 年全国各地 149 次翻蔓试验，其中翻蔓减产约有 145 次，一般减产 10% ~ 20%。1964 年江苏省徐州地区 8 个县 100 多个点对比试验结果，不论土质、地势和品种，翻蔓均减产（减产幅度 15% 左右），而且翻蔓次数愈多，减产幅度愈大。提蔓翻蔓减产的原因，一是翻蔓降低了茎叶制造养分的能力。翻蔓由于机械损伤和搅乱茎叶正常分布，黄落叶增加，茎叶受到损伤后，叶面积减少（最大叶面积来临期推迟），使植株制造养分的能力削弱。同时，翻蔓又由于叶片被翻转或重叠阴蔽，在短期内叶片的光合效能降低。据中国农科院甘薯研究所 1960 年以 51 ~93 品种为材料测定结果，叶片因翻蔓被翻转后，其光合强度较正常叶降低 28.2%，茎叶制造养分能力削弱是翻蔓减产的主要原因。二是翻蔓搅乱了植株体内养分的正常分配。由于翻蔓茎叶受到损伤后，刺激腋芽萌发，新枝新叶迅速增长，需要消耗大量养分，从而输送到块根的养分大大减少。据山东省农科院测定，翻蔓以后，运往新芽的养分高达 73.7%，而不翻的运往新芽的养分只占 19.3%。前中国农科院甘薯研究所用 p32 测定结果，翻蔓比不翻的薯块 p32 含量降低 8.9%。有人认为翻蔓有抑制茎叶生长期和促进养分向块根运转的作用，但上述资料表明，翻蔓反而会刺激茎叶生长和减少养分向块根的输送数量。

提蔓，即将薯蔓自地面轻轻提起，拉断不定根后仍放回原处。但据各地对比结果，在一般条件下，提蔓与不提蔓产量差异不大，且提蔓费工，故不必进行。但在雨后薯地受涝，茎蔓被淤于土中的情况下，提蔓有通风散湿和利于排水的作用。又如水肥过多，植株生长过旺时，提曼可拉断不定根，减少吸肥吸水的能力，也有抑制茎叶徒长的效果。至于干旱薄地，水肥不足，长势差的则不宜提蔓，否则，将导致茎叶衰退而影响产量。

此外，丰产栽培常因肥水过头，使地上和地下部生长失调而出现茎叶徒长现象。据各地经验，当出现徒长趋势时，采用摘心、提蔓，抠毛根或剪除枯枝老叶等措施，均有一定程度的抑制作用。近年来，有些地区试喷某些化学激素，如 B9、矮壮素和苯乙酸等，对抑制徒长也有一定效果，但喷射时间和浓度尚需进一步研究明确。

六、收获

（一）适时收获

甘薯收获早迟与块根产量和安全贮藏关系很大。甘薯在热带地区可以越冬，是多年生作物，没有明显的成熟特征，只要温度合适，就可以继续生长。若收获过早，生长期不足，产量和出干率都低，而且早期收获，温度较高，容易发生黑斑病而引起腐烂。同时，薯块容易发芽，对安全贮藏不利。收获过迟，由于气温下降，不但不能增加产量，而且还会受低温冷害，使淀粉发生水解作用，转化成糖和水，出粉率、出干率和耐贮性降低。因此，适时收获对提高产量、增进品质和防止腐烂损失，都有重要意义。

适宜收获期，主要根据气温、耕作制度、品种和薯块用途来确定。甘薯在气温达15℃时，薯块增重和茎叶均已停止，较长时间处于9℃以下，就会受冷害。因此，当旬平均气温降到15℃时，就应收获，立冬前后收获完毕。一般早栽的地，早播小春地和早熟、不耐寒的品种应早收，反之，可适当晚收。就用途而言，先收晒薯干的，再收种薯，后收鲜食和饲用薯。从四川地区来看，一般以在10月下旬（霜降）开始，到11月中旬（小雪前）收获完。

（二）收获方法

四川省甘薯收获季节，阴雨天较多，应尽量选择晴天或阴天进行，切忌雨天挖薯。为了便于操作，避免土壤太湿，可在收获前半天到一天，先将藤叶割去，让水分散失一些，再行挖薯。割藤应留薯鼻，以使收获时有目标。收留种薯，应特别注意品种保纯，避免混杂。具体办法是实行去杂去劣去病，选优留种，分别贮藏。收挖时应注意收净，保证丰产丰收。同时，要做到轻挖、轻装、轻运、轻放，尽量减少薯块损伤，提高耐贮性，防止腐烂。

第三节 甘薯的安全贮藏技术

20 世纪 70 年代后期，四川省全面推广了高温大屋窖贮藏甘薯的技术，烂薯率由常年的 30% 左右，下降到 5% 以下，使烂薯问题基本得到控制。20 世纪 80 年代初期，随着农村家庭联产承包责任制的普及，甘薯由集体贮藏发展成了分户贮藏，高温大屋窖逐渐失去了作用。由于不少农户不懂得安全贮藏技术，于是烂薯问题又在一些地方比较严重。

一、贮藏期中引起烂薯的原因

甘薯在贮藏期中发生腐烂，往往容易被人们片面地认为是薯窖不好或管理不当。其实，甘薯从种到收，从收到贮的整个过程中，只要任何一个环节上出了问题，都可能导致烂薯。例如，把甘薯栽在排水不良的地里，秋雨一来，甘薯在地里淹水过久，入窖后就会出现软腐病而引起烂薯；在收获时挑选不严，把病薯、锄伤薯、虫伤薯、鼠害薯带进窖里，就是管理再精细，也会发病烂薯。如果薯窖质量不好，即使选择好薯人窖，管理精细，也会因冬天保不住温，发生冻害而烂薯。总之，收不好，窖不好，管不好，都会引起烂薯。因此，必须采取综合措施，从收到藏到管，在几个关键环节上都要围绕防止烂薯采取相应的技术措施，绝不要以为单抓了高温处理或药剂处理就能防止烂薯。任何片面地只抓某一两项措施的观点都是不可能解决烂薯问题。

甘薯在贮藏期中发生腐烂，主要有以下五个方面的原因：

1．温度

甘薯安全贮藏需要的温度是10℃～15℃。甘薯在窖藏期间维持生命活动的最低温度，大多数品种为9℃因此，一般把9℃以下的温度叫冷害温度，9℃则称为甘薯贮藏的临界下限温度。窖温如果连续几天低于9℃，甘薯就会遭受冻害。其症状：一是用刀削薯皮，能看见黑筋；将甘薯横切，断面无浆，有黑点；用手挤压，要滴清水。二是甘薯的一头或两头变为暗褐色而腐烂。三是煮不熟，出现硬心。15℃是甘薯贮藏的临界上限温度，凡窖温超过15℃就算高温。如果窖内薯块不带病菌，单纯17℃～18℃的高温，只能引起薯块萌芽，提早糠心，但大面积生产上，多数薯块在田间就带有黑斑病病菌，这些带菌薯块在窖里遇上高温，就会引起黑斑病的蔓延。特别是入窖初期，往往高温高湿同时出现，会造成贮藏初期的大量烂薯。

2．病害

是引起烂薯的主要原因之一，窖藏期的主要病害有黑斑病和软腐病。黑斑病引起的是干烂，烂薯干缩，表面有大小不等的黑疤，嗅起有苦味。软腐病引起的是腐烂，烂薯用手捏即有黄色带酒味的浆汁流出。

3．氧气

甘薯在贮藏期间是有生命的，它要不断地吸收空气中的氧气进行呼吸。当窖内装薯过满，不留空间，或封窖过早、过严，或长期密闭，不注意通风换气，都会造成窖内氧气逐渐减少，二氧化碳浓度逐渐增高，从而使呼吸作用受到抑制。当窖内氧气含量低于临界值4%左右时，甘薯的呼吸作用不能正常进行，被迫转变为缺氧呼吸，体内产生酒精，酒精积累多了，就会自身中毒而腐烂，这就是通常所称的“闷窖”现象。由闷窖而引起的烂薯，窖中都有较浓的酒精味。

4. 湿度

贮藏期间窖内相对湿度以80% ~90%为宜。湿度过高，窖内常凝结成水珠，浸湿薯块表层，造成湿害助长了病菌侵入，会引起烂薯；湿度过小，长期低于70%，会引起薯块大量失水、萎蔫、糠心和干腐。

5. 种薯质量

甘薯入窖时，如果质量掌握不好，混进了病伤薯、虫伤薯、锄伤薯、鼠害薯、水胀地甘薯等，由于这些薯带有病菌，最易引起烂薯。

在上述五个原因中，造成大面积烂薯的主要原因还是病害。

二、药剂浸薯保鲜的技术要点

1. 薯窖消毒

在薯块入窖前一周，要清理薯窖，并对薯窖进行消毒处理。用70%托布津1∶1000倍液，或50%多菌灵1∶800倍液，对窖内四壁、窖底进行喷雾消毒，杀灭病菌，方能入窖贮藏。

2. 药剂浸薯

用70%甲基托布津可湿性粉剂1000倍液，即50克托布津，对50千克水，浸500~750千克薯块。或用50%多菌灵800倍液，即50克多菌灵，对40千克水，浸400~600千克薯块。兑药要先用少量水将托布津（多菌灵）调成糊状，然后再将全部水加入。药液装在瓦缸、脚盆里，也可在地上挖坑，铺上塑料薄膜，将配好的药液倒入。把薯块用稀眼竹篼装好，浸在兑好的药液中，上、下提动几次，使药液将薯块表面全部浸湿就提起来，滴干余水后趁湿人窖。

3. 注意事项

一是提倡当天收获，当天浸药，当天入窖。不能做到当天入窖的，在家中堆放时间最长不超过7天。堆放时间过长，病菌已侵入薯皮，再浸药处理，效果就大大降低。二是托布津、多菌灵对甘薯软腐病菌无效。水涝地甘薯，其表皮组织已部分坏死，入窖后最容易发生软腐病。因此，对水涝地的甘薯，不要用托布津、多菌灵处理。

三、贮藏期中的管理

甘薯自立冬前后入窖到第二年惊蛰后出窖殡种，长达4个多月，可划分为冬前期、越冬期和立春后三个管理阶段。

1. 冬前期的管理

从甘薯入窖到日平均气温降到10℃为止的这一段时间为冬前期。按季节讲，一般自立冬开始，到大雪为止。

冬前期的特点。一是气温高，日平均在10℃以上；二是甘薯刚入窖水汽重，呼吸旺盛，放出热量多，因而窖温高、湿度大。

冬前期管理的中心任务是降温、排湿。其方法，一是甘薯入窖时就要安放通气竹筒，便于降温排湿；二是隔天或2~3天换用一次干谷草放于薯堆上面，提“汽汗水”，白天把谷草取出来晒干；三是实行全天敞窖，降温排湿，逐步过渡到日敞夜闭，再过渡到全天闭窖。具体掌握要依窖温为准，当窖温等于或高于15℃时，则敞窖，当窖温等于或低于10℃时就闭窖，以保持窖内温度12℃~13℃为理想。

2. 越冬期的管理

从大雪起到第二年立春止，为越冬期。越冬期的特点是寒潮频繁，气温低于10℃，窖温也较低。这一时期管理的中心任务就是保温防寒，要千方百计把窖温保到10℃。其办法，一是封闭窖门、窖口，严防寒风侵袭。每隔几天选择晴天中午测一次窖温，顺便通风换气；二是当窖温低于10℃时，高温窖可以烧火升温，把窖温升到14℃停火。没有升温设备的一般窖，可在薯堆表面加盖干谷草保温，还可在窖门外加草帘，防寒风。

3. 立春后的管理

立春后气温开始回升，窖温也随之回升。由于早春气候冷暖无常，加之薯块已失水较多，开始糠心，此时管理的中心任务就是调节好窖温，并酌情补充水分。具体办法就是勤检查，依据窖温高低实行敞闭结合，并酌情向窖内补充水分。

第五章 马铃薯

马铃薯，又名洋芋、土豆、山药蛋、荷兰薯等，起源于拉丁美洲，是粮、饲、蔬菜和工业原料兼用的农作物，在我国种植业中占有重要地位，2005 年我国马铃薯种植面积 7524 万亩。马铃薯在全国各省（市）均有栽培，尤其在北方冷凉地区和西南山区种植更广泛。四川是马铃薯栽培面积较大的省份之一，面积由 1997 年的 424.8 万亩发展到 2006 年的 948.9 万亩（含春、秋、冬三季），其大面积亩产一般在 1000 千克左右。马铃薯高产、适应性强、营养丰富，贮存时间较长，是目前最具增产增收潜力、最具市场需求潜力和最具加工增值潜力的作物。近年来随着农业种植业结构的调整和马铃薯产业的发展，我省努力探索马铃薯高产高效间、套种植模式，扩大秋、冬作种植面积，马铃薯生产稳步发展，马铃薯产业已成为我省部分地区农村经济发展的支柱产业。

第一节　马铃薯生长发育与环境条件要求

马铃薯为茄科、茄属一年生草本植物。用种子繁殖的为直根系，用块茎繁殖的为须根系。茎可分为地上茎、地下茎、匍匐茎（是主茎地下茎的腋芽伸长形成的侧枝，较地上茎细，有横向生长习性，早期生长中如环境不利，可穿出土面变成叶枝）和块茎（薯块）。块茎着生于匍匐茎顶端，是茎的变态，块茎末端与匍匐茎的连接处称为脐部，另一端为顶部。薯块形状有圆形、椭圆形及长形等，薯皮光滑、粗糙或成网状，皮色有白、黄、红及紫色等，肉色有白、黄、浅红等色。马铃薯为自花授粉作物，种子很小。

一、马铃薯的生长发育

（一）马铃薯的生长发育过程

马铃薯生育期以出苗到成熟之间的日数表示。由于马铃薯是营养繁殖的作物，其成熟期的特征不像禾谷类作物明显，生育期长短伸缩性很大。根据生育期长短划分为早、中、晚熟品种，早熟种 75 天以内、中早熟种 76 ~ 85 天、中熟种 86 ~ 95 天、中晚熟种 96 ~ 105 天、晚熟种 105 天以上。马铃薯在田间的生育过程经历下列 5 个时期。

1. 萌芽出苗期

从种薯解除休眠，芽眼处开始萌芽直至幼苗出土生长至3～4片微具分裂的幼叶的时期。此期是以根系形成和芽的生长为中心，发育强大根系是构成壮苗的基础，需要的水分和养分主要靠种薯供给。此期长15～40天，所需时间与土温有关。

2. 幼苗期（出苗至孕蕾）

当幼苗长到7～13片叶时，开始孕蕾，此期长15～25天。马铃薯无性繁殖苗期短，幼苗速熟的特性是它不同于其他作物的最大特征之一。此期是以茎叶生长和根系发育为中心。

3. 块茎形成和茎叶生长期（孕蕾至开花）

此期从孕蕾开始，至主茎出现9～17片叶，地上部开始开花，约20～30天。早熟种块茎形成期限较中熟种早4～5天，较晚熟种早10～15天。此期生长中心已逐渐转向地上部茎叶生长和地下部块茎形成并进阶段。

4. 块茎增长和茎叶繁茂期（盛花至茎叶衰老）

此期是以块茎膨大和增重为中心的时期，块茎增长速度快，是决定块茎产量和大、中薯率的关键时期。

5. 淀粉积累和成熟期（茎叶衰老至茎叶枯萎）

开花结果后，茎叶生长缓慢直到停止，植株下部叶片开始枯黄，进入了块茎淀粉积累期。此期块茎体积不再增大，茎叶中贮藏的养分继续向块茎转移，淀粉不断积累，块茎重量快速增加，周皮加厚。当茎叶完全枯萎，薯皮容易与薯块剥离时，块茎充分成熟，逐渐转入休眠。此期特点是以淀粉积累为中心，淀粉积累可一直持续到叶片全部枯死以前。

（二）块茎的休眠

新收获的块茎有休眠期。马铃薯休眠期长短因品种和环境温度而异，休眠期短的品种在块茎收获后30～60天即可发芽，休眠期长的品种需90天以上才能发芽。温度1℃～4℃时，块茎保持休眠状态不能萌发，温度升至20℃时，可缩短休眠时间。通过休眠期的块茎，芽眼中的主芽逐渐生长而开始萌发。块茎上不同部位的芽眼萌发速度不同，顶部芽眼有顶端优势，较先发芽。

三、马铃薯对环境条件的要求

（一）温度

马铃薯性喜冷凉，不耐高温。虽然马铃薯栽种经过多年的人工选择，有早、中、晚熟不同品种类型，在多种气候条件下可以种植，但马铃薯植株和块茎在生物学上对温度的反应有其自然特性。

1．温度对块茎萌芽出苗的影响

块茎萌芽的最低温度为4℃～5℃，播种的马铃薯块茎在地面下10厘米深的土温达7℃～8℃时，幼芽即可生长，10℃～20℃时幼芽可茁壮成长并很快出土。播种早的马铃薯出苗后常遇到晚霜，一般气温降到－0.8℃时幼苗即受冷害，气温降到－2℃时幼苗受冻害，部分茎叶枯死、变黑，但在气温回升后还能从节部发出新的茎叶，继续生长。

2．温度对茎叶生长的影响

生长最低温度为7℃，最适宜温度为17℃～21℃，当温度在29℃以上时，茎叶停止生长，气温在-1.5℃时，茎部受冻害，-3℃时茎叶全部枯死。开花最适温度为15℃~17℃，低于5℃或高于38℃则不开花。开花期到-0.5℃低温，花朵受害，-1℃使花朵致死。因品种的抗寒性不同，对温度的反应也有差异。

3．温度对块茎生长的影响

块茎生长的最适温度为17℃~19℃，温度低于2℃和高于29℃时，块茎停止生长。昼夜温差大对块茎形成和膨大有利。

（二）水分

马铃薯生长过程中必须供给足够的水分才能获得高产。各生育阶段的需水量不同，苗期占全生育期需水量的10%~15%、块茎形成期占20%以上、块茎增长期占50%以上、淀粉积累期占10%左右。马铃薯生长过程需水量最多的时期是孕蕾至花期，盛花期茎叶的生长量达到了最高峰，这段时间水分不足，会影响植株发育及产量；从开花到茎叶停止生长，这一段时间内块茎增长量最大，植株对水分需要量也很大，如果水分不足会妨碍养分向块茎中输送而影响产量，若干湿失调，块茎时长时停，容易形成次生薯和畸形薯。通常土壤水分保持在60%~80%比较合适，土壤水分超过80%对植株生长也会产生不良影响，尤其是后期应适当控制水分，防止茎叶徒长，当块茎逐渐成熟时，要避免水分过多引起块茎皮孔增生而影响产量和品质，如果积水超过24小时，块茎易腐烂，积水超过30小时块茎大量腐烂，超过42小时后将全部烂掉。因此，在低洼地种植马铃薯要注意排水和实行高垄栽培。

（三）土壤

马铃薯对土壤适应的范围较广，最适合马铃薯生长的土壤是轻质壤土。轻质壤土比较肥沃又不黏重，透气性良好，不但对块茎和根系生长有利，而且还有增加淀粉含量的作用。用这类土壤种植马铃薯，一般发芽快，出苗整齐，生长的块茎表皮光滑，薯形正常，而且便于收获。

黏重的土壤种植马铃薯，最好作高垄栽培。这类土壤通气性差，平栽或小垄栽培，常因排水不畅造成后期烂薯。土壤黏重易板结，常使块茎生长变形或块茎形状不规则。但这类土壤只要排水通畅，因保水、保肥力强，种植马铃薯往往产量很高。对这类土壤的管理，中耕、除草和培土非常重要，一旦土壤板结，田间管理很不方便，尤其培土困难，如块茎外露会影响品质。这类土壤生产的马铃薯块茎淀粉含量一般偏低。

沙性大的土壤种植马铃薯应特别注意增施肥料。这类土壤保水、保肥力最差。种植时应适当深播，因一旦雨水稍大，把沙土冲走，很易露出匍匐茎和块茎，不利于马铃薯生长，反而增加管理上的困难。沙土中生长的马铃薯，块茎特别整洁，表皮光滑，薯形正常，淀粉含量高，易于收获。

马铃薯是较喜酸性土壤的作物，土壤 pH4.8～7.0，马铃薯生长都比较正常，以 pH5.5～6.0 最为适宜。当土壤 pH4.8 以下，则植株叶色变淡，呈现早衰、减产；土壤 pH7.0 以上，则绝大部分不耐碱的品种产量大幅度下降；土壤 pH7.8 以上则不适宜种植马铃薯。另外，石灰质含量高的土壤种植马铃薯，容易发生疮痂病，因这类土壤中放线菌特别活跃，常使马铃薯块茎表皮受到严重损害，如遇到这种土壤，应选用抗病品种和施用酸性肥料。

（四）肥料

肥料是作物的粮食。有收无收在于水，收多收少在于肥。肥料不足或生长期间出现肥饥饿状态，就不可能高产。马铃薯是高产作物，需要肥料较多。肥料充足时植株可达到最高生长量，相应块茎产量也高。氮、磷、钾三要素中马铃薯需要钾肥量最多，其次是氮肥，需要磷肥较少。

1. 氮肥

氮肥对马铃薯植株茎的伸长和叶面积增大有重要作用。适当施用氮肥，能促进马铃薯枝叶繁茂、叶色浓绿，对提高块茎产量和蛋白质含量有很大作用。施用过量会引起植株徒长，以致结薯延迟，影响产量。况且枝叶徒长还易受病害侵袭，会造成更大的产量损失。相反，如氮肥不足，则马铃薯植株生长不良，茎秆矮，叶片小，叶色淡绿或灰绿，分枝少，花期早，植株下部叶片早枯等，最后因植株生长势弱，产量很低。早期发现植株缺氮及时追肥，可以变低产为高产。实践证明，氮肥施用过多比氮肥不足更难控制。因苗期发现氮肥不足，可追施氮肥加以补充，而发现氮肥过多除控制灌水外，其他方法很难收效。因此，施用氮肥要注意适量，没有把握时，宁可苗期追施，也不可基肥过量。

2. 磷肥

磷肥虽然在马铃薯生长过程中需要较少，但却是植株健康发育不可缺少的重要肥料。磷肥充足时幼苗发育健壮，还有促进早熟、增进块茎品质和提高耐贮性的作用。磷肥不足时马铃薯植株生长发育缓慢，茎秆矮小。缺磷时块茎外表没有特殊症状，切开后薯肉常出现褐色锈班。随着缺磷程度的增重，锈斑相应的扩大，蒸煮时薯肉锈斑处脆而不软，严重影响品质。

3. 钾肥

钾元素是马铃薯苗期生长发育的重要元素。钾肥充足植株生长健壮，茎秆坚实，抗病力强。钾元素还对促进光合作用和淀粉形成有重要作用，钾肥往往使成熟期有所延长，但块茎大，产量高。缺钾时马铃薯根系不发达，块茎小，产量低，品质差，蒸煮时薯肉易呈灰黑色。

此外，马铃薯还需要钙、镁、硫、锌、钼、铁、锰等微量元素，缺少这些元素时，也可引起病症，降低产量。但绝大部分土壤中这些元素并不缺乏，所以一般不需施用。

（五）光照

马铃薯是喜光作物，在生长期间日照时间长，光照强度大，有利于光合作用。光照充足时枝叶繁茂，生长健壮，块茎大，产量高。在高原与高纬度地区，由于光照强、温差大，适合马铃薯的生长和养分积累，一般都能获得高产量；在树阴下或与玉米等作物间套作时，如间隔距离小，共生时间长，玉米遮光，马铃薯光照不足，养分积累少，茎叶嫩弱，不开花、块茎小，产量低；在马铃薯单作条件下，如用植株高大的品种，当密度大、株行距小时，也常因出现植株互相拥挤，下部枝叶交错，通风、透光差，而影响光合作用和产量。

光照可明显地抑制块茎上芽的生长。窖内贮藏的块茎在不见光的条件下通过休眠期后由于窖温高，而长出又白又长的芽子，如把萌芽的块茎放在散射光下（浴光催芽），即使在15℃～18℃的温度下，芽子长得也很慢，我国南方架藏种薯和北方播种前催芽，都是利用这一点来抑制芽子的过度生长。而且在散射光下对种薯催大芽，是一项重要的增产措施。

第二节 马铃薯栽培

一、春、秋、冬三季种植

四川是马铃薯单、双季混合作区。根据马铃薯的需温特性和多样的地形、气候条件，四川一年可进行春、秋、冬三季马铃薯种植，分别称为春作马铃薯、秋作马铃薯和冬作马铃薯。其中，海拔较低的（海拔1000米以下）平坝、丘陵和浅山地区，由于夏季温度多在25℃以上，不适宜马铃薯生长，因而作为春、秋两季栽培，且多数为春马铃薯，称小春马铃薯；夏季凉爽的高海拔山区或高原地区（海拔1000米以上），一般一年春种一季，称为大春马铃薯；在川东、南冬季温光条件较好的地区可种植冬马铃薯。

二、实行轮作，忌连作

马铃薯适宜轮作，不宜连作，也不宜与茄科作物如茄子、番茄、烟草、海椒等作物连作，最好与禾本科、豆科等作物轮作，否则，产量会逐渐降低，更会加重青枯病、晚疫病、病毒病、癌肿以及蚜虫等病虫害的危害。四川平坝、浅丘地区，马铃薯主要与水稻、玉米、棉花、小麦等作物轮作；山区或较高山区主要与玉米、大豆等作物实行带状轮作。

三、推广间、套作多种种植模式

马铃薯生育期短，且植株矮小，宜与其他作物进行间作和带状套作，能提高土地利用率，充分利用空间和光能及土壤中的各种养分，增加作物的总产。近年来，我省积极创新马铃薯高产高效种植模式，在不与其他大宗粮食作物争地的情况下，充分利用我省发达的耕作制度和秋（冬）季的空闲田土，通过增、间、套作扩大马铃薯种植面积。四川马铃薯主产区主要是马铃薯与玉米套作，其套作的面积占马铃薯总面积的60%以上。与其他作物间套的还有大豆、小豆、白云豆、山黄瓜等。二季作地区主要与棉花、甘蔗、油菜、小麦等作物间套。主要模式：

一是高原山区改一年只种植一季马铃薯或玉米等作物为马铃薯、玉米套作，推广春马铃薯/玉米带状种植模式；二是平坝、丘陵区稻田改水稻、油菜两熟连作为水稻、秋马铃薯、油菜（蔬菜）三熟，推广“中稻－稻草覆盖秋马铃薯/免耕油菜”等省工节本高效模式。三是丘陵旱地重点推广马铃薯/玉米/甘薯（大豆）等种植模式，盆中、盆东积极试验示范利用改制的预留空行增种一季早春马铃薯，马铃薯收后种植一季迟春玉米或早夏玉米；四是近年我省川东、川南地区利用当地冬春季较好的温光资源，在小春预留行、沿江河谷地带和冬闲地内增种一季冬马铃薯。

四、因地制宜选用良种，大力推广脱毒种薯

种植马铃薯，首先要根据种植季节、气候条件、生产需求等来选择适合的优质、高产、抗病、适应当地栽培的品种。在选择对路品种的同时，有条件的要大力推广脱毒种薯。生产上使用脱毒种薯，一般可增产30%左右。在没有脱毒种薯情况下，应到就近高山区域调购种薯，这是保证马铃薯高产的关键措施。因四川盆周边缘山区，是四川主要的种薯基地，大部分都在海拔1000米以上，气候凉爽，马铃薯病毒感染和积累轻，基本保持了其品种的高产特性。

提倡选用30～50克小整薯作种，以避免切口传病和利于保苗，提高产量。播种时湿度较大、雨水较多的地区，不宜切块。对特大薯块必须切块时，应在播前一周作好切块处理，以便伤口在播前愈合，忌边切边播薯块，否则将会造成田间成片死苗。切块时，一般应采取自薯顶至脐部纵切，每个薯块重20～40克，带有1～2个芽眼。要注意切刀的消毒和切块的处理，以防烂种（切刀每使用10分钟后或切到病、烂薯时，应用35%的来苏尔溶液或75%酒精浸泡1～2分钟或擦洗消毒，提倡两把切刀交替使用。切块后立即用草木灰拌种，或在阳光下晾晒并吸去伤口水分，使伤口愈合，勿堆积过厚）。

五、整地及施足底肥

马铃薯是需要深耕的作物，整地应精细，只有土壤松软，才有利于根系的发育和块茎的膨大，同时深耕还可消灭杂草，保蓄水分、改善土壤的通气性和保肥能力，促进微生物活动，增加土壤中的有效养分，提高抗旱能力，为马铃薯的根系充分发育和薯块膨大创造良好条件。提倡垄作，垄的宽窄和高低因地势、土壤和种植方式而不同，排水良好的可作宽垄，排水差的宜作窄垄、高垄。起垄方式有小垄单行（垄距 60 ~ 65 厘米，垄上穴距 25 厘米）和宽垄双行（垄距 82 ~ 100 厘米，每垄双迁行穴距 25 厘米）两种，可于播种时起垄或在中耕培土时成垄。如在水稻后种马铃薯，应深沟高畦窄垄，浅播，以利排湿；在排水良好的坡土旱地播种时不起垄，中耕时培土成垄。

马铃薯生育期短，施肥应以底肥为主，不施或少施追肥，以免造成后期茎叶生长旺盛而不结薯。底肥应以渣肥、厩肥等农家肥为主，配合氮、磷、钾无机化肥混合施用。

六、加强病虫害防治

马铃薯生产中着重加强对以晚疫病、青枯病和蚜虫等为主的病虫害防治。

晚疫病：马铃薯晚疫病是一种类似真菌病，发病迅速，危害大。连续 7 天以上田间湿度大，空气湿度达 90% 以上为晚疫病发生与流行适宜条件。晚疫病是马铃薯生产上影响产量最重的病害，当年减产可达到 20% ~ 50%。春季是重点，关键是早防，当田间发现中心病株，应立即拔除或摘下病叶销毁，并用 25% 的瑞毒霉锰锌 600 倍液，或 72% 克露 700 ~ 800 倍液等喷雾植株进行防治，隔 7 ~ 10 天防治 1 次，连喷 2 ~ 3 次。

病毒病：我省已发现至少有五种以上马铃薯病毒，一般在中低海拔（1200 米以下）地区发病较重，两种以上病毒复合感染的情况下，减产相当严重，达 10% ~ 30% 以上。主要采用脱毒种薯和高山调种加以预防。

青枯病：马铃薯青枯病是一种细菌病，是我省马铃薯生产上重要病害，随土壤、寄主和水流传播。苗期注意防除青枯病，发现田间病株及时拔除、销毁病体。并要注意把病薯挖净。在发病初期每亩用 14 ~ 28 克的 72% 农用链霉素可溶性粉剂 4000 倍液，或 3% 中生菌素可湿性粉剂 800 ~ 1000 倍液，或 0.15 ~ 0.2 千克的 77% 氢氧化铜可湿性微粒粉剂 400 ~ 500 倍液灌根。

蚜虫：可用黄板诱杀蚜虫，即每亩悬挂 30 块 ~ 40 块黄板（25cm × 40cm）。也可用 50% 抗蚜威可湿性粉剂 2000 ~ 3000 倍液，或 10% 吡虫啉可湿性粉剂 1500 倍液喷雾防治。

疮痂病：在薯块膨大时期增加土壤湿度，用 8% 代森锰锌粉剂灌窝等。

锈壁虱：避免高温、干燥条件下种植，清除田边杂草等寄生植物，应用杀螨剂进行防治。

蛴螬、小地老虎：播种时在沟内每亩均匀撒施2%二嗪农颗粒剂1.25千克或5%辛硫磷颗粒剂2千克进行防治。

廿八星瓢虫：苗期注意防治。冬春季清除田边杂草等寄生植物。在发生较多时可喷洒2.5%溴氰菊酯乳油3000倍液，或50%辛硫磷乳剂1000倍液进行防治。

七、收获与贮藏

当植株达到生理成熟期时即可收获，标志是大部分茎叶转黄、枯萎，块茎停止膨大，易与植株脱落。只要茎叶不枯，块茎仍继续增重，在达到生理成熟前，收获越早，产量越低。可根据市场需要或后作用地要求，提前收获。过迟收获，会增加病虫害感染机会。种用块茎应适当早收，以获得生理上的幼龄健薯。秋马铃薯可到到春节前后价好时收获。马铃薯收获应选晴朗干燥天气进行，若遇高温烈日，则宜在早上或傍晚收挖，防止薯块雨淋和在烈日下暴晒（暴晒会降低种用和食用品质），收获过程中轻装轻放减少皮伤，收获后先剔去病薯、伤薯和畸形薯，再将薯块薄摊或筐装避光通风贮藏，防止表皮绿化。薯块在贮藏、运输、分级过程中都要尽量避免损伤。

八、各季马铃薯栽培技术要点

不同季节马铃薯栽培技术有所不同，春、秋、冬季马铃薯栽培技术要点分别如下：

（一）春马铃薯栽培技术要点

春马铃薯是我省马铃薯主要栽培季节年栽培面积在一半以上，山区、平坝、城镇郊区广泛种植。

1. 适时早播

视海拔高度和气候特点，四川春季播种时间一般在1~3月份（其中，1月上旬~2月上旬播种，5~6月收获的为小春马铃薯；2月下旬~3月下旬播种，6~8月收获的为大春马铃薯）。早播出苗早，薯块膨大期长，产量高。平坝浅丘区主要种植小春马铃薯，应在立春前播完；海拔较高的山区主要种植大春马铃薯，一般在解冻后播种，也可提早冬播。部分海拔较高的冷凉高原山区如三州的部分县，可在4月份播种。

2. 选用良种

春马铃薯由于播种时期气候冷，可播种时间随意性较大，大部分地区种薯已通过休眠期，品种选择范围较宽，播种技术也较易掌握。目前四川主要推广米拉、川芋系列（川芋4号、川芋5号、川芋6号、川芋早等）、凉薯系列（凉薯97、凉薯14等）、中薯2号、中薯3号等优质高产抗病品种，并积极示范坝薯10号、合作88、渝薯1号、鄂薯4号、大西洋、费乌瑞它、HP4等品种，特别是积极引进、试验加工专用新品种。其中中高海拔地区大部宜选用凉薯系列和“米拉”等中晚熟品种。中低海拔地区大部宜选用川芋系列、中薯等系列生育期较短的品种。平坝、浅丘地区用川芋早、川芋56等秋薯作种，应用0.5~1.00ppm九二O喷种或保温作催芽处理。（注：ppm百万分之）

3. 开厢垄作，合理密植

四川春马铃薯种植模式有净作和间套种植，其中，马铃薯与玉米等作物间套带状种植是主要模式。马铃薯净作或间套种植都应提高整地质量，起垄垒厢，采取适当深播、厚盖土、地膜覆盖等御寒措施，确保一次性全苗。合理密植，带状种植每亩3000～4500窝，净作每亩4500～6000窝，可根据气候条件、土壤肥力、生产用途和栽培方式等作适当调整。

4. 科学施肥

80%以上的肥料应作底肥用。结合整地一般底肥亩施有机渣肥2000千克左右，配施25～50千克过磷酸钙和适量氮、钾肥（草木灰100千克、尿素5～10千克）作底肥，并用2000千克左右人畜粪水浸窝播种。

视苗情追肥，追肥宜早不宜晚，以促进壮苗早发。追肥宁少毋多。即在齐苗后轻施一次以氮肥为主的促苗肥，并再培土一次（当苗高10～15厘米时每亩追施人畜粪1500千克，硫酸钾10千克）。收获前20天，植株封行或开花后不宜再进行追肥。

5. 加强对晚疫病等的防治

加强对晚疫病、青枯病和蚜虫等病虫害的防治。

（二）秋马铃薯栽培技术要点

发展秋马铃薯是充分利用晚秋光热资源，提高复种指数，增产粮食的重要增种方式之一。四川的晚秋季节，温度由高到低，日照由长到短，对马铃薯地上部分和块茎膨大都有利。随着马铃薯生产发展，近几年来四川秋马铃薯已发展到每年300多万亩，大力推广稻茬田秋洋芋免耕稻草覆盖栽培技术（该技术具有省工、省力、省时，增产增收，培肥地力，调温保墒，抑制杂草等优点和特点）。但是，由于高温多雨、易遭涝害、病害重等不利因素，加上催芽技术掌握不好、种薯未通过休眠播种而出苗迟、甚至烂种缺苗、种植密度不够、耕作管理粗放等原因，造成单产不稳不高，鲜薯平均亩产只有850千克左右。试验研究与生产实践证明，只要掌握秋马铃薯生长规律，充分利用有利条件，克服不利因素，抓好关键技术实施，夺取稳产高产仍是可能的。

1. 选用生育期和休眠期皆短的早熟高产品种作种薯

秋马铃薯生长时间较短，一般只有80~90天，应选用生长发育快、休眠期短、易打破休眠、丰产性和抗病性好的早熟高产品种如中薯2号、费乌瑞它、川芋早、川芋56、川芋4号、川芋5号等。

2. 选好种薯，催芽处理，带芽播种

播前1月，选健整薯作种薯，并置通风、干燥，阴凉且有散射光处薄摊存放（放1~2层种薯为宜），注意勤翻动并及时捡除病烂薯块。提倡带芽小整薯（50克左右）播种，这有利于防病抗旱，是促进秋洋芋出苗早、出苗整齐的关键技术。试验证明，秋马铃薯以带0.5~2厘米粗壮短芽的块薯播种为宜。

马铃薯一般有二至三个月休眠期，要根据不同情况进行种薯处理。平坝浅丘区自留春马铃薯作秋播种薯，播种时多数已经发芽，不必进行催芽处理。半山以上春马铃薯作秋播种薯，由于种薯未通过休眠期，直接播栽不易发芽，播前必须进行催芽处理，强制打破休眠，才能保证早出苗、保全苗、防烂种。一般不用休眠期长的未萌芽薯块作种，以免造成出苗迟，苗不齐，影响产量。在播前10~15天种薯未见醒芽（有肉眼可见的米粒状芽）的应进行催芽，催芽方法主要采用一层种薯一层湿润稻草或湿沙覆盖，多至二、三层；或用1~2ppm"赤霉素"喷雾催芽法（喷洒1~2次，再用湿润稻草等物覆盖，排除积水，及时捡除烂薯，萌芽后播种）等。

3．适时抢时播种

秋洋芋播种正值高温多雨季节，过早播种易烂种缺苗，迟播生育期短，产量不高。因此，秋马铃薯比春马铃薯的播期要求更为严格。播种期以日平均气温稳定降至25℃以下为宜。正常年份，海拔500米以下的平坝丘陵区，适播期在8月下旬至9月上旬；海拔500~800米低山区，适播期在8月中、下旬。由于四川秋季雨水多土壤湿度大，生产上常常造成播种期推迟，因此，秋马铃薯播种时，必须抢晴天抓紧整地，适时抢晴天的早晨、傍晚或阴天播种。

4．因地制宜，做好排水防涝

秋马铃薯生长期间，正值四川多雨季节，田间积水涝害，影响土温，不利于秋马铃薯生长发育，尤其对薯块膨大不利，而且排水不良，田间湿度大利于马铃薯晚疫病传播蔓延，影响产量，因此必须高度重视排水防涝工作。

应选择排水渗水性好、有机质含量丰富、带沙性的田块、坡土、台土种植秋马铃薯。在前作成熟期及收获后及时进行起沟排水，作到田土中不积水，水稻田等积水田块边沟及中沟深度一般在30厘米以上，厢宽2米左右；排渗水好土壤湿度不大的田块有条件的要进行精细整地，做到土壤松软，净作按85厘米左右开厢起垄；免耕稻草全程覆盖栽培一般4米开沟作厢，沟深30厘米左右，厢面平整。

5. 合理密植，施足基肥

秋马铃薯生育期短，植株较矮小，应适当加大密度，确保产量。一般净作以0.85～0.9米开厢，双行、株距23厘米左右，每亩种植密度5000～9000窝；间套种植根据空行间距大小，可播1～3行，间套作和土壤肥力较差等株行距密度适当加大。稻茬田秋马铃薯与油菜套作田块，马铃薯、油菜均可采取宽窄行种植。马铃薯宽行60厘米，窄行20厘米，窝距23厘米，每亩实际播马铃薯6500窝左右。10月中旬在每行洋芋宽行中间免耕挖窝栽2行油菜，2行之间距离26厘米，窝距23厘米；稻茬田净作秋马铃薯，行距33厘米，窝距23厘米，每亩实播8000～9000窝。播种马铃薯时，不需打窝，只需将种薯用手按规定的窝行距放在田面稻桩上，使种薯与土壤紧密接触。

由于秋马铃薯生育期短，而且稻草覆盖秋马铃薯在稻草覆盖后追肥困难，一定要施足基肥。要求一般每亩施足有机肥1500～2000千克，尿素10～15千克，过磷酸钙25～30千克，草木灰100千克。有条件的地方，提倡有机肥与氮、磷、钾三元复合肥或复混肥（25千克左右）配合施用。有机肥、化肥撒施于马铃薯窄行播种带。

6. 播种方法适当

一般采用宽窄双行错窝种植，播种深度一般宜浅，在较干旱或疏松深厚的土质条件下一般不超过 8 厘米，播后覆土或盖草。稻茬田免耕稻草覆盖栽培秋马铃薯，无论是马铃薯套油菜，还是净种秋马铃薯，要求每亩马铃薯用 1.5 ~2 亩稻田的稻草覆盖，盖草厚度达到 10 厘米左右。盖草方法，在马铃薯播种施肥后，及时用事先准备好的稻草按稻草与厢面垂直、草尖对草尖均匀覆盖整个厢面。

7. 加强田间管理

苗齐时，结合除草进行第一次中耕培土，每亩可用清淡人畜粪水加 5 ~8 千克尿素追肥一次；现蕾时可再进行一次中耕培土。秋季多暴雨，常理通厢、边沟，防止田间积水。加强对晚疫病、青枯病、病毒病、疮痂病、锈壁虱等的防治。

（三）冬马铃薯栽培技术要点

1. 适宜区域和土壤

选择冬季基本无霜，温光资源较好的地区，一般选择在日最低温度高于 4℃，海拔在 400 米以下的平坝和浅丘区。土壤宜选择耕作层深厚、结构疏松的沙壤土和轻质壤土。

2. 选择适宜的品种与种薯

选择优质、高产、抗性强、耐寒性强的马铃薯品种。严格挑选健康种薯，提倡选用脱毒种薯。

3. 适期播种

一般在 10 月下旬至 12 月播种栽培（翌年 2 月中旬

至4月收获）。

4. 精细整地，加大密度，垄作窝播盖膜

在前作收获后及时进行翻耕，一般耕深20～30厘米，并进行精细整地，做到土壤松软。净作一般按沟心对沟心50厘米开沟，沟深25厘米。冬马铃薯植株较矮小，应适当加大密度，确保产量。根据各地土质及肥水情况，净作一般以0.8米开厢，双行、株距0.25米左右，亩植8000株左右；间套种植根据空行间距大小，可播1～4行，株距0.25米。采用窝播，在干旱地区或疏松深厚的土质条件下，一般播种深度8～10厘米；土质过黏或雨水过多的地方不宜深播。提倡垄作盖膜，破膜引苗。川中、川西和平丘区等单拱或双拱盖膜栽培，以保温防霜冻。

5. 中耕、除草和培土

当幼苗出土5～10厘米时，结合除草进行第一次中耕，深度10厘米左右。10～15天后进行第二次中耕，耕深宜稍浅。现蕾时，进行第三次中耕，较上次耕深稍浅，且应稍远离根系。后两次中耕时应结合培土，第一次培土宜薄，第二次稍厚，总厚度不超过10厘米。

6. 加强田间管理

播种后若遇冬春干旱，应根据天气情况进行灌溉，使表土经常保持湿润状态，一般在薯块已发根，个别薯块出苗时灌水一次，齐苗后视土壤干湿情况再灌溉一次。从现蕾开始，始终保持土壤湿润，收获前7～10天停止浇水。加强对晚疫病、青枯病、蛴螬、小地老虎、蚜虫、二十八星瓢虫等主要病虫害的防治。

第三节　四川马铃薯主要品种介绍

在生产中引调种薯要注意品种的地区适应性、成熟期和休眠期长短、种薯质量等因素，切忌大引大调、南引北调、商品薯作种薯。避免造成大量烂薯、成片不出薯、光长苗不结薯或低产。目前四川主要推广米拉、川芋系列、凉薯系列和中薯系列品种，积极试验、示范从省外引进的坝薯系列和国外引进的费乌瑞它、大西洋等品种。

一、米拉（Mira、马尔科）

米拉是从原东德引入的品种，20 世纪 50 年代引进推广至今。主要分布在我省西南山区和川东的达川等海拔 500 ~ 2000 米地区。主要是春季用，若休眠已过或作打破休眠处理也可秋作。产量潜力好，较抗癌肿病，感晚疫病，病毒病重。特点是适应广，品质优，适口性好，淀粉含量 15% ~17% 左右，还原糖 0. 25% ，外观稍差。鲜薯食用，也可作淀粉加工用。

二、川芋系列品种

是四川省农科院作物所选育的中、早熟品种，广泛分布在我省海拔 1800 米以下及平坝浅丘地区，宜春、秋、冬季作，净作、简套作均可。粮菜饲及加工兼用型。

川芋56　1987年通过四川品种审定。早熟，生长期短，休眠期短，高抗癌肿病，较抗晚疫病。薯形椭圆，黄皮淡黄肉，芽眼浅，大薯率85%以上，块茎商品性好，品质优良，淀粉含量13.5%、还原糖为0.40%。

川芋早　1991年通过四川品种审定，1998年通过全国品种审定。该品种主要特征为成熟早、丰产性好，生育期60天左右，休眠期短，夏收后为35～40天、冬收后50天左右即开始萌芽，较抗晚疫病。植株呈展开形，株高60厘米左右，茎秆粗壮，薯形椭圆，黄皮黄肉，芽眼浅，大薯率85%以上，块茎品质好，淀粉含量12.5%，还原糖为0.40%。

川芋4号　1997年通过四川品种审定。中早熟，休眠性浅，抗晚疫病、病毒病，块茎圆形、黄皮白肉、表皮光滑、芽眼较浅，结薯集中，单株结薯3～5块，大中薯率（大于75克）67.55%，淀粉含量14.2%，还原糖含量为0.53%。适宜四川中、低海拔地区春、秋净作和与其他作物间套栽培，常作为鲜薯食用型品种。

川芋5号　2000年通过四川品种审定。中早熟，生育期79天，休眠期较短为59天，耐贮。抗晚疫病，抗病毒性强，植株矮健且分枝少，株高54厘米，结薯集中，块茎扁圆，黄皮黄肉，表皮光滑，芽眼较浅，大中薯率64.9%，淀粉含量13.66%，干物质含量为19.4%，还原糖含量仅为0.15%，是一个商品性好，食用、菜用和加工兼用品种。适应四川中、低海拔地区春、秋净作和与其他作物间套栽培。

川芋39　1996年通过四川省品种审定。该品种熟性中早熟，生育期 82.5 天，块茎休眠期中等，块茎休眠性较浅，耐贮。抗晚疫病，植株生长繁茂，株高 50.9 厘米，块茎表皮光滑、黄皮黄肉，芽眼少且深度中等，大中薯率 85% 以上，淀粉含量 15%，还原糖 0.30%。宜加工用。抗病、高产、喜阳、耐瘠等综合性状好，宜在四川一、二季混作区种植推广。

川芋 6 号　2004 年通过四川省品种审定。生育期 74.5 天，株高 42.5 厘米。块茎圆形，结薯集中，单株结薯 4 ~ 6 个，大中薯率 81.02%，休眠期较长，耐贮。抗晚疫病、青枯病。干物质含量 21.67%。

川芋 8 号　2005 年通过四川省品种审定。中抗晚疫病，生育期 69.8 天，休眠期中等，较耐贮。株高 47.2 厘米。块茎卵圆型，黄皮白肉，大中薯率 83.25%，芽眼浅。作鲜薯食用型品种。

川芋 10 号　2006 年通过四川品种审定。抗晚疫病，生育期 81.6 天，休眠期中等，较耐贮。株高 60.8 厘米，块茎长卵圆型，黄（红）皮黄肉，大中薯率 80.0%，表皮光滑芽眼浅，块茎商品性好，炸片测试口感好，色泽均匀，符合炸片品种标准。

三、凉薯系列品种

是凉山州农科所选育的品种。

凉薯 97　1986 年通过凉山州品种审定。中熟品种，生育期为 95 ~ 110 天，休眠期较长。该品种株高 60 ~ 80 厘米，单株结薯 8 ~ 10 个，结薯集中，薯形椭圆，块茎黄皮黄肉，表皮光滑，芽眼较少，食味佳。抗癌肿病，较抗晚疫病，病毒病轻，丰产性好。在凉山地区块茎淀粉含量15.6%，适宜凉山州等地一季区种植。

凉薯14　1993年通过凉山州品种审定。生育期105～127天，中晚熟，株高85～90厘米凉山州两半以上地区和省内盆周及类似地区种植，丰产性及薯外观较好，块茎椭圆，皮色乳白淡黄肉，淀粉含量16.1%，适口性好，大薯率高。适宜四川省凉山州等地一季区种植。

凉薯17　2001年通过四川品种审定。适合在凉山州两半山以上地区和省内盆周及类似地区种植。

凉薯3号　1987年通过凉山州审定，中晚熟，淀粉含量16%，抗晚疫病、癌肿病，适一季高山区种植。

凉薯8号　2006年通过四川品种审定。中晚熟，生育期78～100天，块茎休眠期中，贮性中等。种株型松散，主茎弯曲，株高一般50～80厘米左右；块茎椭圆形，黄皮黄肉，表皮光滑，单株结薯一般8～12个，芽眼少而浅，结薯集中，大中薯率较高；干物质23.51%，淀粉17.8%，还原糖0.19%；烧、煮及油炸食性好。

四、中薯系列品种

由中国农科院蔬菜花卉研究所育成的品种。

中薯2号　早熟，从出苗到收获60天左右，休眠期短。株形扩散，主茎粗壮，块茎近圆形，皮肉淡黄，表皮光滑，芽眼深度中等，植株较矮，结薯集中，块茎大而整齐，单株结薯4～6块，大中薯率90%以上。块茎淀粉含量14%～17%，还原糖含量0.2%左右，品质好适宜鲜食及加工用。适合春，秋两季栽培。

中薯3号　株型直立，分枝少，株高55～60厘米。结薯集中，单株结薯数4～5个。具有早熟、丰产、抗病性强，商品性好等特点。春播从出苗至收获65～70天，大中薯率达90%，薯块大，较整齐，薯皮光滑，芽眼浅。田间表现不感疮痂病。夏季休眠期60天左右，适于二季作区春、秋两季栽培和一季作区早熟栽培。

五、省外引进品种

坝薯10号　河北省张家口市坝上农科所选育的品种。中晚熟，休眠期较长、耐贮藏，该品种株型直立，植株健壮，叶片功能期长，块茎长扁圆形，皮和肉均为淡黄色，表皮光滑，芽眼较浅，块茎大中薯率80%以上，结薯集中；干物质含量18.7%，商品性较好，含淀粉17%左右，还原糖0.2%，食用品质好，是较好的加工兼用型品种。

坝薯9号　中熟，生育日数90天左右，休眠期短，较耐贮藏。块茎长椭圆形，白皮白肉，表皮光滑，芽眼中等深度。结薯较集中，块茎较整齐，干物质18.5%，淀粉14%左右，还原糖0.31%。该品种出苗早，块茎形成早、膨大快。

六、国外引进品种

费乌瑞它　荷兰引进，早熟、高产，生育天数60～65天以内可以收获，块茎休眠期短。薯块长椭圆形，块大且整齐美观，芽眼浅，表皮光滑，淡黄皮，芽眼少而浅，黄肉，肉质脆嫩，品质好，耐贮藏。植株较矮，株高50厘米左右，株形直立分枝少，直立型，具有生长势强，茎粗壮繁茂、叶片大，块茎形成早、膨大快、结薯早而集中，商品率高的特性。抗晚疫病能力差。干物质17.7%，淀粉12%~14%，还原糖0.3%以下，是世界著名的菜用鲜食品种、也可以用于加工。该品种适于密植，可在我省一、二季区种植。

大西洋　从美国引入，是国内外主要炸片品种。中晚熟，从出苗到收获100~120天。块茎介于圆形和长圆形之间，顶部平，淡黄皮，白肉，表皮有轻微网纹，牙眼浅，块茎大小中等，结薯集中。耐贮藏，蒸食品质好，鲜薯淀粉含量15%~17.9%，还原糖0.03%~0.15%，适合炸片加工。喜肥水，但不抗晚疫病。

第六章 大　豆

大豆又名黄豆，营养价值高，籽粒中含有40%左右的蛋白质，30%～33%的碳水化合物和20%的脂肪及多种矿物质和维生素。大豆用途广泛，兼具粮食、油料、饲料、菜用作物功能。大豆是养地作物，种植大豆对轮作换茬、培肥地力等有着重要的作用。长期以来，大豆对于调整农作物结构，培肥地力，丰富食品组成，改善食物结构，提高膳食营养，增进健康等方面作用特殊，对人类的生产、生活产生深刻影响。

第一节　概　　述

一、大豆的分布及生产现状

大豆起源于我国，种植利用已有近5000年的历史（四川2000多年），分布很广。2006年全国大豆播种面积约1.37亿亩。近年来，我国大豆消费不断增长，供需矛盾突出，大豆产业整体形势日趋严峻，大豆成为进口量最大的农产品之一，国际依存度高。四川大豆栽培历史悠久，种植区域广泛，一年春、夏、秋三季都可种植，但由于人多地少，长期以来大豆种植受重视不够，大豆产需矛盾日益突出，大豆人均占有量大大低于全国和世界平均水平。近年来，为增加大豆产量，促进农民增收，满足日益增长的消费需求，四川狠抓大豆生产发展，深挖面积潜力，积极创新种植模式，走耕地深度开发之路，采取增、间、套种等办法努力扩大大豆种植面积，提高单产，大豆产业发展势头良好。2006 年四川大豆面积 341.4 万亩。

二、四川栽培大豆的主要品种

依据大豆光温反映表现出的最适播期，在栽培上将大豆划分为春大豆、夏大豆、秋大豆和冬大豆，这与四川省农民俗称的大豆类型有所区别。春大豆：3 月下旬至 4 月上旬播种，7 月成熟。夏大豆：5 月至 6 月初播种，9 月底至 10 月成熟。四川省与春玉米间套，赶在小麦播种前成熟的俗称的“冬大豆”属此类型，如贡选 1 号等。秋大豆：在 7 月底 8 月初播种，11 月上半月成熟。冬大豆：冬季播种，次年春成熟，四川省无此类型。

生产中，群众将种于田埂的大豆叫田埂豆，间作于苕地的叫跑马豆，用作食青毛豆的叫菜青豆，在春季或夏季播种而到 10 月底前后才能成熟收获的叫“冬大豆”。

第二节 大豆的生长发育与环境条件要求

一、大豆的生长发育

大豆的一生可划分为种子萌发和出苗、幼苗生长及分枝、开花结荚和鼓粒成熟四个时期。

（一）种子萌发和出苗

种子萌发需要一定的温度、水分和通气条件。大豆子叶出土即为出苗。如条件适宜，播种后4~6天即可出苗。田间记载以半数以上子叶出土为标准。

（二）幼苗生长和分枝

1. 幼苗期

从出苗到分枝出现称幼苗期，大约20~25天。子叶出土展开后，约经3~4天两片单叶展开，大豆单叶展开到第一片复叶展开约需9~10天，这时称3叶期，此期地上部分生长速度缓慢，地下根系生长较快形成根瘤。幼苗期是长根期，根系比地上部分生长快，是培育壮苗的关键时期。壮苗的特点是：根系发达，茎秆粗壮，节间短，叶片肥厚，叶色浓绿，生长敦实稳健。

2. 分枝期

田间以分枝株数达10%~20%（或第二复叶展开）的日期为分枝期。一般需25~30天。从花芽开始分化，植株进入营养生长与生殖生长并进时期，需要的养分、水分较多。加强肥水管理以达到株壮、枝多、花芽多、花健的要求。

（三）开花结荚

田间开花株数达10%的日期即为始花期，从始花到终花为开花期。幼荚形成长达2厘米以上的植株占50%即为结荚期。由于大豆开花与结荚是并进的，所以将这两个时期通称为开花结荚期。开花结荚期是大豆生育最旺盛的时期，是大豆一生中需要养分、水分最多的时期，同时需要充足的光照，应尽量满足需要，促使开花多，成荚多，保持在结实多的基础上植株体内的养分平衡，为高产奠定基础。

（四）鼓粒成熟

大豆从开花结荚到鼓粒成熟没有明显的界限，当荚内豆粒达最大体积时称为鼓粒，田间有50%的植株有明显的鼓粒荚的日期称鼓粒期，此期约30～40天。豆荚鼓粒后，当种子干重增加到最大值时，叶片变黄脱落，豆粒脱水，种子变圆、变硬而呈现品种固有的形状色泽时，即为成熟。

结荚后期，豆粒成为养分积累中心，各叶片的光合产物被荚优先利用，所以每一片叶都与产量密切相关。可见，大豆的生育后期不宜采叶。

二、大豆对环境条件的要求

大豆的生长发育依赖于一定的环境条件，如何满足大豆对环境条件的要求则是大豆栽培所要解决的基本问题。

（一）温度

大豆是喜温作物，在温暖气候条件下生长较好。大豆各生育阶段对温度均有一定要求，温度过高过低均对大豆生长发育产生不利影响。在大田播种期内，土温10℃～12℃时，大豆种子可顺利发芽，低于8℃种子即使发芽也不易出苗；最适宜的发芽温度为20℃～22℃；当温度33℃～36℃时，发芽虽迅速，但幼苗瘦弱。大豆的生长发育在进入花芽期后就需要较高的温度，花芽分化的适宜温度为20℃～23℃，低于12℃时花芽不能进行分化；低于20℃和高于35℃则落花严重；温度超过40℃时，结荚率减少57%～71%。鼓粒成熟期的适宜温度为19℃～23℃，鼓粒期昼夜温差大有利于光合产物的积累。四川省栽培大豆只要能保证出苗，受低温危害的可能性小，而开花结荚期受高温危害的可能性较大，栽培上应依据大豆不同品种的生育进程，适期播种，使大豆开花结荚尽量躲过高温伏旱。

（二）光照

大豆是短日照作物，在昼夜交替过程中，大豆要求较长的黑夜和较短的白天。每个大豆品种的生长发育都有其适宜的光照长度；若比适宜的长，表现开花延长，反之则开花提早。

认识大豆的光周期反映，对于引种和确定适宜的播期具有指导意义。引种：高纬度、高海拔地区引种到低纬度、低海拔地区生育期延长，反之则相反。所以北方品种引种到四川省表现生育期缩短，而四川省品种引种到北方则生育期延长。据此，引进北方中迟熟品种成功率较高，从偏南地区引种应选择熟期较早的。如贡豆5号在四川正常播期生育期为100天之内，而在新疆长达140天；贡选1号在自贡8月上旬始花，10月25日前后成熟而在川北则8月中下旬始花，10月底尚不能完全成熟。

（三）水分

大豆属需水较多的作物，不同生育期对土壤水分的要求不同。

大豆幼苗期和成熟期需水较少，相对较耐旱；而中、后期需水较多，尤其在开始至鼓粒期缺水，将影响大豆的成荚率与百粒重。四川省7月、8月常有高温伏旱，栽培上应注意避开，特别是中熟以及偏迟熟品种更应注意适当早播。

大豆的抗旱能力比玉米强，且对短期缺水也有补偿能力。如“冬大豆”因生育期长，即使在前期遇旱，通过后期补偿也能获得高产，所以在干旱年景对于弥补玉米损失具有一定作用。土壤水分过多，也对大豆造成不良影响。尤其在出苗至幼苗期更为严重，往往发生根腐死苗或不能正常生长。四川省常在伏旱后雨水较多，秋大豆尤其应注意排水畅通。另外，大豆在花荚期遇阴雨连绵，将严重影响成荚率。应依据各地的气候特点趋利避害。

（四）大豆的矿质营养

大豆是需要矿质营养数量多、种类全的作物。其中，除需要最多的氮、磷、钾外，其次是钙、镁、硫以及多种微量元素。大豆施氮较少是因为根瘤固氮，而磷、钾除土壤提供外，仍需人工补充。微量元素虽需要量较少，但在大豆生理代谢和产量形成中仍不可缺少，并且不同品种对土壤中微量元素的吸收能力不同。

三、大豆的花荚脱落和秕粒产生原因与防止

（一）大豆的花荚脱落原因及调控

大豆的花荚脱落极为普遍，严重影响产量的提高。农艺措施上应以保花、保荚为重点。

大豆花荚脱落的生理原因在于生长发育失调，苗期生长过旺，营养生长甚至在开花结荚期仍占优势，致使生殖生长受抑不利于花荚的发育。另外，花荚期过于繁茂，株间荫蔽加重，中下部叶片光合作用被削弱，光合产物不足导致花荚脱落严重。引起花荚脱落的外界原因主要是机械损伤和病虫危害，还有温度太低造成的冷害等。

减少花荚脱落的措施与增加大豆产量的措施一致，通过选择合适的品种，改进栽培技术，如采取适宜的密度、合理的水肥管理、及时防治病虫、抗御自然灾害等，使营养生长与生殖生长协调发展。

（二）秕粒产生原因与防止

秕粒是在结荚鼓粒阶段种子得不到足够的营养物质而形成的，是影响大豆产量和品质的一个严重问题。大豆秕粒产生的原因，一是叶片功能衰退或营养生长过旺使叶片产生的光合产物不足或运送到种子内的物质过少；二是缺乏水分或高温干旱的综合影响，使营养物质的运输受阻；三是病虫危害。

防止秕粒产生，可采取选用良种、注意轮作换茬、

施用有机肥、增施磷肥、做好大豆生育后期的田间管理、防止病虫害危害、加强灌溉和排水等措施。

第三节 大豆栽培技术

一、大豆的轮作和间套作

（一）大豆不宜连作

大豆不宜连作，也不宜作其他豆类作物的后作。大豆连作表现出豆苗生长缓慢，病虫害严重，植株矮小，叶色发黄，荚小粒小产量低。大豆重茬可减产 20% ~ 30%。四川省田埂豆各地反映病虫严重，产量不高除品种因素外无不与此有关。

（二）大豆的合理轮作

大豆最好的前作是谷类作物，如小麦、玉米、高粱等。针对四川省大豆的主要类型，分述如下：

1. 田埂豆

田埂豆又分为田片豆和口皮豆。口皮豆因每年要糊田埂，通常可连作。田片豆常与高粱、玉米等作物间种。若高秆作物宽窄行种植，在宽行套大豆，且种植位置每年互换也能达到轮作的要求。

2. 青豆

与早春蔬菜隔 1 ~2 年一轮换。

3. “冬大豆”

群众反映“冬大豆”生产上有“大小年”的现象，即上年增产往往下年减产。分析其原因除与气候、玉米长势有关外，可能与未真正轮作有关。对旱地改制地区，采用芋/玉/豆、麦/玉/豆或麦/玉/苕/豆等模式，真正做到分带轮作，则能实现“冬大豆”的隔年轮作。对小春净作区，应变等行玉米为宽窄行玉米，玉米（“冬大豆”）与其他作物（如红苕等）的种植位置实行隔年轮换一次，也能收到改制轮作的效果。

（三）四川大豆主要种植模式

近年来，四川大豆种植模式不断创新改进，大力推广间、套种植。合理间、套作能有效利用地力和光能，发挥边际效应。主要有以下种植模式：

1. 春玉米间、套作大豆

一是春玉米间作春大豆。即在春玉米播种或移栽同期，在玉米行间撬窝间种大豆。二是春玉米套作夏大豆。推广麦/玉/苕/豆一年四熟、麦/玉/豆和芋/玉/豆一年三熟间套种植。

2. 春玉米连作秋大豆

在低山、丘陵地区，在春玉米、红苕分带套作种植地块，玉米收后接茬种植大豆。此模式在伏旱常发区有一定推广。

3. 稻田秋大豆

在水稻制种田和川东南早收水稻田，利用水稻收获后到夏收作物播种前近 3 个月时间增种一季秋大豆，收获鲜豆或干大豆。

4. 田埂大豆

四川农民历来有在田坎土边及果园、桑园、幼林隙地种植大豆的习惯，既用于提高耕地利用率，又扩大了大豆种植面积。

二、选用对路良种

选择适宜的大豆良种是获取高产的关键。选用良种时，要考虑大豆品种的生育期类型、栽培目的和耕作制度等，选择适宜的品种。如间、套作大豆宜选用耐阴、直立、紧凑、抗逆、抗倒的品种；春大豆、秋大豆及菜青豆宜选用早、中熟品种；夏大豆宜选用晚熟品种。菜青豆可选贡豆 5 号、贡豆 8 ~ 10 号、南豆 5 号等品种；春大豆选贡豆 2 号、贡豆 6 号、浙春 3 号、南豆 5 号等品种可；秋大豆可选用贡豆 5 号、浙春 3 号、南豆 5 号、贡豆 12、宁镇 1 号等品种；夏大豆可选贡选 1 号等品种。

三、适期播种

播种是大豆生产的重要环节，是确保苗齐、苗壮的重要前提。

（一）整地

整地质量直接影响大豆出苗和根系发育，四川雨淋较重，土壤较板结，改变种板土的习惯对于大豆的增产有一定的意义。

（二）适期早播

应依据各地耕作制度、自然条件、品种特性来定。菜青豆宜采取地膜覆盖，尽量提早播种（川南 2 月底），春大豆 3 月下旬到 4 月上旬，夏大豆 5 月至 6 月上旬，秋大豆不宜超过 8 月 20 日，并在季节允许的前提下赶早。

（三）种子处理

播前晒种有减少病虫害，提高发芽率的作用。选种应剔除霉变、破损粒，留饱满、光亮和具有品种特征的种子作种。在地下害虫严重的情况下，播前可进行药剂拌种。

（四）播种技术

1. 合理密植

合理密植是获得高产的重要措施。适宜的密度与品种、播期、土壤肥力有关。早熟品种宜密，中迟熟品种宜稀；同一品种迟播宜密。瘦地较肥土密。一般情况早熟品种适期播种密度在 1.8 万 ~2.2 万株之间，秋播应达 2.5 万以上；中熟品种春播在 1.5 万株左右；“冬大豆”净种不宜超过每亩 8000 株，与玉米间套不宜超过 3500 株；光照条件较优的盆周山区宜适当增加密度。

2. 播种方法

四川习惯窝播。窝播由于光照条件好，光合产物多，脱花脱荚少，因而产量高。行窝距与品种、播期、土壤肥力有关。早熟品种春播行距 33.3 厘米以内，秋播 30 厘米以内，中晚熟品种行距 40 厘米以内。窝距应依据密度和每窝留苗数确定。

打窝技术总的要求是底平，以免种子过于集中出现高脚苗。窝的大小、深浅与土壤水分条件和降雨有关。春播宜大宜深，夏、秋播宜小宜浅。一般播种深度在 5 厘米左右。

四川农民习惯用腐熟的堆渣肥拌草木灰盖种。用土盖种的不宜过厚，过厚出苗困难，幼苗细弱，容易死苗缺窝，一般以掩种为度。

四、科学施肥

大豆是需肥较多的作物，尤其是氮、磷、钾肥。因此，改变不施肥的习惯，增施有机肥和补施速效肥对提高大豆单产水平十分重要。另外，大豆还对钙、钼等营养元素有特殊需要。

（一）大豆的需肥规律

1. 氮素

大豆氮素来源一是根系从土壤中吸收，二是根瘤菌固氮，但固定的数量有限，所以大豆要高产必须补充氮肥。大豆缺氮主要有两个时期。一是幼苗期，根瘤刚形成，固氮能力不强。二是盛花期后，正值营养和生殖生长并行期，根瘤的固氮仍不能满足这个时期的氮素营养，且随后根瘤日渐衰老，固氮能力减弱。因此，花荚期必须补充氮肥，但用量要适度，以免造成徒长和大量花荚脱落而减产。

2. 磷

磷能促进根系和根瘤的发育，增强固氮能力，还能促进早熟和增加粒重。大豆幼苗分枝期吸磷较少，开花期较多，结荚鼓粒期最多，因此应特别注意后期追磷。为便于田间操作，常在盛花后叶面喷磷，增产效果显著，一般在10%左右。

3. 钾

钾素能促进糖类和蛋白质的合成，增强大豆抗倒、抗病和抗寒能力，减少花荚脱落。大豆对钾的吸收，以幼苗到开花结荚期最多。因此补钾应在生育的中前期。土壤中钾素营养较丰，若增施有机肥、草木灰，一般不会造成缺钾。

4．钙、钼大豆适宜生长在微酸到中性土壤环境，在酸性土施石灰可中和酸性

钼对大豆有特殊生理功能，一般土壤不缺钼，只有酸性土才需施钼。

（二）施肥技术

大豆施肥的原则是氮、磷配合，以有机肥和磷肥为主。

1．种肥

大豆播种时施肥，增产效果显著，一般氮、磷以1∶2或1∶3混合施用。中等肥力土壤，通常5千克左右尿素配40千克左右的过磷酸钙。种肥应窝施、深施，做到种、肥隔离，以免烂种烧苗。另外，用腐熟的堆渣肥拌草木灰（每亩1000千克左右）盖种也非常实用。

2．追肥

大豆追肥应根据土壤肥力、施肥基础和苗情，具体决定是否追肥和追肥的量。土瘦、缺肥或苗弱分枝，到初花期追一次肥（腐熟人畜粪水1000千克左右加少量磷肥）；豆苗生长正常则不必追苗肥。苗期追肥应结合中耕除草，以便施后盖土减少肥料流失。

秋大豆、冬大豆苗期追肥对搭好高产架子相当重要。秋大豆生育期短，生育前期促进分枝和营养体的生长以及花芽分化对增加单株荚粒数非常关键，追肥宜早

且适量，特别是在种肥未用的情况下，更应在出苗后立即用清粪水兑少量尿素（4千克左右）提一次苗，待一周后再提一次。冬大豆在结合玉米管理的同时酌情施用人畜粪水，以增强豆苗的抗逆能力，对保苗有一定作用。玉米收后，普遍苗弱，应结合红苕管理及时提苗。秋大豆、冬大豆的提苗应看天慎用，干旱情况下粪水的浓度不宜过高，以免出现烧苗，应抗旱、施肥相结合，以水调肥。

大豆花荚期需肥最多，通常视苗情根外追肥，方法是配制2‰磷酸二氢钾+1‰尿素液叶面喷施，对保花保荚、增加粒重十分有意义。

3. 施用钼肥

在酸性土（黄红壤）施钼有良好的增产效果（5%～20%）。施钼的方法一是拌种，用钼酸氨20～30克，先加少量的温水使之溶解，再加水0.8～1.0千克，配成约2%的溶液，用喷雾器喷在50千克种子上，边喷边拌使之均匀，待溶液全部被种子吸收阴干后，即可播种。二是喷施，按上述方法将钼酸铵配成约2%的溶液，用喷雾器每亩喷液25～30千克。喷施通常在开花期进行。

五、田间管理

（一）补种和间苗

大豆缺苗是生产中普遍存在的问题，当幼苗出土后应及时查苗补苗，以保证全苗。补苗的方法视不同情况而定。土壤中水分充足，但农事已晚，可用早熟品种的干种补种或播已侵种催芽的种子；若时间又赶得上可用原品种的干种子补种。若季节已晚，补种已赶不上（如秋大豆），可在阴天或晴天下午取用壮苗带土移栽。用于移栽补苗的苗子最大不能晚于第二片复叶苗龄，取苗时尽量不伤根，栽后应适当浇水，以利成活。

大豆种子常常发芽率不高，出苗后每窝苗数往往不均，偏多偏少时有发生，因此需要匀苗间苗促进豆苗均衡发展。间苗的时间通常要求较早，以子叶展开时效果最好。春大豆定苗在出苗后15天前后，“冬大豆”一般在出苗后1个月内视苗情定苗。每窝留苗数，中、晚熟品种一般2株（如田埂豆、“冬大豆”），早熟品种和秋大豆可适当增加3～4株以确保密度。间苗的原则是去弱留强、去劣留优，以提高全田整齐度。

（二）中耕培肥

中耕除草能调节水、热、肥、气等肥力因素，减少杂草危害，有利于豆苗的健壮生长。

中耕的时期、深浅、次数应依据豆苗长势、杂草、土壤板结程度确定。第一次中耕宜早宜浅，以第一片真叶出现时为宜，此时根量小，分布浅，中耕深度不宜超过三厘米。第二次在3～4片复叶出现时进行，若杂草少、土壤疏松可不中耕。第三次中耕在封行前，若植株较繁茂，中耕与培土可结合进行，以防止中后期倒伏。培土高度以略高于子叶为准。大豆根系发达，宜浅耕，若豆苗徒长也可适当深耕控长。

大豆生长季节温度高、湿度大、杂草严重，若不加控制往往形成草害。若种植面积大中耕除草困难，可施用除草剂减轻劳动负荷。冬大豆出林后及时中耕培土扶苗，有利中后期健壮生长，因而是管理中必不可少的环节。

（三）摘心打叶，控制徒长

大豆通常情况下不宜摘心打叶，只有当土壤肥沃、植株徒长时，为抑制茎叶生长，促使养分重新分配才宜采用，可收到促进早熟、增加荚数粒重的作用，一般能增产10%左右。摘心适期常在开花盛期和末期，摘去顶尖1~3厘米为宜。打叶一般用尺把长的锋利铁片或竹片，在植株封行后将重叠的叶片削去，以改善通风透光条件。

（四）病虫害防治

大豆病虫害严重威胁大豆产量和质量。大豆主要病害有病毒病、霜霉病、立枯病、根腐病等；虫害主要有卷叶螟、食心虫、豆天蛾、造桥虫、豆蚜虫、蟋蟀、跳甲、豆秆蝇、等。对病虫害应采取综合措施，及时、科学防治。

1. 病害

幼苗真叶期，每亩用50%甲基托布津WP或65%代森锌WP100克兑水50千克茎叶喷雾防治立枯病、根腐病。盛花期每亩用50%甲基托布津WP100克对水50千克茎叶喷雾防治霜霉病和炭疽病。

2. 地下害虫

直播大豆在播种后，育苗移栽大豆在移栽后，用辛硫磷乳油等药剂，拌过筛细土撒施地表播种带，防治蟋蟀、跳甲等地下害虫。

3. 其他虫害

苗期注意对蚜虫、卷叶螟、红蜘蛛、蓟马等虫害的防治，盛花至结荚鼓粒期注意对豆荚螟、大豆食心虫、大豆蚜虫、红蜘蛛、蛴螬等虫害的防治。大豆食心虫可用敌敌畏熏蒸成虫法，在成虫盛发期（约8月中旬），每亩用80%敌敌畏50克或50%敌敌畏乳油100毫升，用约35厘米长木棍，一端捆上棉球，沾敌敌畏防治，或用玉米穗轴吸收药液，卡在豆株枝叉上。豆荚螟可在大豆结荚期每亩用2.5%敌杀死乳油20毫升或5%来福灵乳油20毫升对水喷雾。防治大豆蚜虫每亩可用50%抗蚜威可湿性粉剂15~30克，或2.5%来福灵乳油15~20毫升对水稀释喷雾。2~3叶和初花期，用阿耳法特乳油等药剂对水喷雾，可防治卷叶螟、蚜虫、豆秆蝇、豆荚螟、造桥虫等害虫。

六、收获、脱粒和贮藏

全田植株有80%以上叶片黄落即为成熟，为收获的最适期。收获过早、过晚均会影响产量和品质。

1. 收获

大豆的收获不宜拔株，以免把根瘤及残根带走，而用刀割可增加土壤肥力。收获后应扎小把，晾于屋檐下或不遭雨淋的地方完成后熟。四川省大豆收获期往往雨水严重，应特别注意防雨，减少霉变损失和商品种性降低。

2. 脱粒与贮藏

大豆种子水分降低、籽粒变硬后即可脱粒，脱粒的方法可机脱或人工捶打，但应尽量减少种子破损。脱粒后应晒种，使种子水分降到13%以下，待热气散后进仓贮藏。大豆晒种应避免烈日曝晒，不宜放在水泥地或三合土上摊晒，以免豆粒破皮影响发芽。

大豆种皮吸潮，在贮藏过程中易丧失发芽力，甚至造成霉变损失。所以大豆对贮藏条件要求严格。在农村留种用的最好与干燥的稻谷一起贮藏，减轻大豆种子吸湿，以免降低发芽率。

第四节 四川省大豆栽培的新动态

随着大豆栽培研究的深入，近年出现一些突破传统的新技术，简要介绍如下：

一、大豆种子包衣

大豆种子包衣是近年发展起来的一项技术革新。其基本原理是：选用合适的成膜剂对多种高效杀虫剂、微量元素和植物生长调节剂及少量氮肥等拌和后，均匀喷在种子的表面，既能简化农事操作又能增产节约成本。使用种子包衣机，喷洒的均匀度较高。也可用喷雾器人工操作。种子包衣后在表面成一薄膜，待种皮吸水阴干后即可正常播种。

二、育苗移栽

育苗移栽在广大农村时有使用，但技术不规范，加之大豆要求的密度较高，移栽增加劳动用工，因此难以推广。“冬大豆”亩植株数较少，是育苗移栽的重点。具体做法是苗床施用氮、磷、钾和有机肥，创造疏松的土壤环境，两三厘米见方浅播一窝，每窝 2 粒种子，出苗后第二片复叶全展前即带土带肥移栽。秋大豆育苗移栽有缓解茬口矛盾，确保秋豆有足够的生育时间和完全成熟所需积温的作用。但由于秋大豆要求的密度较高，又给育苗移栽的应用带来困难。

三、秋大豆

秋大豆是四川省 20 世纪 80 年代末开始发展起来的，以充分利用晚秋资源为主要目的的新型大豆栽培模式。秋大豆的特点是生育期短，促进营养生长的栽培措施显得尤其重要。栽培上，一是在茬口衔接允许的情况下尽量提早播期，在四川省最迟播期不能超过 8 月 20 日。二是以全苗壮苗为核心。秋大豆播后易遭旱涝降低全苗率，因而除防治好地下害虫的常规措施外，稻田秋豆应“三沟”配套，保持排水畅通。旱地秋豆遇旱应及时灌水催苗。秋豆播后宜用稻草等物覆盖，以防止暴雨冲击和烈日灼苗。出苗后，及时撤走覆盖物并用清粪水对适量尿素提苗 1 ~ 2 次，10 天内可匀苗定苗。三是生育中后期视苗情叶面喷施磷、钾和氮肥，以提高成荚率和增加粒重。

四、“冬大豆”

“冬大豆”近年在盆地内发展较快，其特点是幼苗分枝期生存环境恶劣，生育期长，中后期生物产量增加快而多。栽培策略上应苗期保苗，中期促发，后期促荚粒。

1. 播期

“冬大豆”播期弹性相当大，据自贡市农科所试验，从4月初到6月初播种产量相差不明显。实际中，一般应赶在玉米封林前的一段时间播种，使豆苗在阴蔽加重之前已形成必要营养体，有利保证基本苗。在带植地区，宜同玉米一起或稍后，即在4月中、下旬播种；小春净作区宜在5月上、中旬播种。

2. 种植方式

“冬大豆”种植方式与使用品种的株型特征有关，收敛型品种如贡选1号宜在玉米行内双行双株，高大繁茂品种宜在玉米夹行中间种单行双株式单株。

3. 出林前管理

以壮苗、防治地下害虫伤苗为重点。可用敌杀死、杀虫双等药物在玉米防虫的同时兼治。为增加幼苗抵抗力，播种时应施用磷肥（过磷酸钙15公斤/亩）作种肥和草木灰作盖肥。幼苗生长过程中视苗情在玉米用肥的同时酌施。

4. 出林后管理

冬大豆出林后苗弱，应及时中耕、培土、扶苗、用清粪水提苗，以促进抽枝和株体增大。花荚期往往蚜虫、螟虫等发生较重，应及时防治。生育后期株体较大，养分供给往往不足造成早衰，应适当补充三要素供给或根外追肥。另外若雨水充足，造成苕滕疯长，使豆苕互相遮盖，应理顺苕滕生长方向，使豆苕互不遮蔽。

五、旱地新三熟“麦/玉/豆”模式

旱地新三熟“麦/玉/豆”模式是在传统“麦/玉/苕”模式的基础上，结合四川丘陵、山区的自然特点和社会需求，形成的旱地新型种植模式，其核心内容是在有机集成免耕、秸秆覆盖、作物直播技术的条件下以“冬大豆”代替“麦/玉/苕”模式中的红苕而进行的连年套种轮作多熟种植制度，其复种方式为“小麦/玉米/大豆”。该模式集抗旱减灾、用养地结合、保护性耕作、轻型栽培于一体，与传统“麦/玉/苕”模式相比，具有明显的抗旱减灾减损效果和助农增收效益，而且培肥地力生态效益和缓解供需社会效益亦很明显。主要技术：

1．规范开厢、分带轮作

采用带状6尺开厢模式，3尺（或3.5尺）种5行（或6行）小麦，3尺（或2.5尺）种2行玉米，小麦收后种3行大豆，第二年换茬轮作。

2．选用良种

品种选用时注意三季作物的时空搭配，小麦应选用高产优质、抗性强的早中熟品种，如川农23号、川农19号、川育19、川麦42、川麦46、内麦8号等；玉米宜选用优质、高产、高抗（抗病虫、抗干旱、抗倒伏）、株型紧凑的中迟熟品种，如成单23、川单25、川单23、成单26、正红2号、雅玉10号等；大豆宜选用主茎发达、秆强不倒、粒大、有限结荚习性的中迟熟或晚熟耐阴性品种，如贡选1号。

3．适时播种、合理密植

小麦播种期为10月底至11月初。撒播时先将玉米

秸秆捞开，均匀撒完种子后再覆盖，亩用种量5~6千克；机播、撬窝点播或砍沟点播，窝距4~5寸，行距6~7寸，窝播8~9粒（每窝留4~5苗），亩留基本苗7万~8万苗。

玉米因地制宜适时播种，丘陵地区3月上中旬，山区3月下旬，川南川东地区可适当早播。播种方式采用点播或肥团育苗移栽，播种或移栽时两边距麦带5~6寸，行距1.8~2尺，窝距1.2~1.4尺，窝留双株，亩植3000~3500株。

大豆播种期为6月上旬左右（即玉米抽雄－吐丝期），川南川东地区可适当早播，在雨前或雨后及时播种。播种前筛选子粒饱满的大粒种子，晒种2~3天，并用50%多菌灵5克/千克种子或50%福美双4克/千克种子，对少量水搅拌溶解并均匀拌种，晾干后即可播种；播种时将所留麦茬用锄头向行间勾倒，推平，再直接撒播或撬窝点播大豆于麦秸行内，或直接于麦茬行间撬窝点播，行距1尺，窝距1尺左右，窝留2~3株，密度0.8万~1万株/亩。

每季作物播种前每亩用1~1.5千克的草甘膦除草剂药液对水50千克或50%乙草胺EC100—150毫升兑水30千克在田间均匀喷雾去除杂草。

4. 科学施肥

小麦底肥亩施尿素15~18千克，过磷酸钙28~32千克，氯化钾8~12千克。玉米底肥每亩施尿素10~12千克，过磷酸钙40~50千克、氯化钾10千克，拔节期每亩追施3～5千克尿素，大喇叭口期每亩追施8～10千克尿素（或碳铵25～35千克）。大豆酌情施用氮肥，底肥亩施尿素4～5千克、过磷酸钙30～35千克、氯化钾4～5千克，于播种时穴施或均匀撒于厢面；追肥于初花期雨后亩撒尿素3.5～5千克。

5. 控旺防倒

小麦拔节期每亩用15%多效唑可湿性粉剂20～30克，对水30千克喷雾防倒；大豆开花期对生长较旺田块用浓度为20毫克/亩多效唑，或10～20毫克/亩优康（5%烯效唑），对水50千克喷雾控旺。

6. 防治病虫害

小麦加强对锈病、白粉病、纹枯病和赤霉病和蚜虫等的防治；玉米加强对地下害虫、玉米螟、纹枯病等的防治；大豆加强对立枯病、根腐病、霜霉病和红蜘蛛、蓟马、豆荚螟、食心虫、蚜虫等的防治。

第五节 大豆品种简介

一、"冬大豆"品种贡选1号

自贡市农科所育种，2000年通过四川省品种审定。

1. 生育期

是夏大豆极晚熟品种，生育期长，播期弹性大，4月中旬至6月初均宜播种，8月中旬初花，成熟期一致，10月25日前后成熟，因于立冬小麦播前收获，农民俗你冬豆。生育期130～210天。

2. 基本特征

株高80厘米左右，主茎17.8节，分枝6.3个。直立生长，株型紧凑，茎秆粗壮，抗倒能力强。心形叶，浓绿肥厚，有限结荚习性，结荚密集，单株平均121.2荚，213.7粒。荚熟色为黄褐色，镰形。籽实椭圆形，脐黑色，种皮黄色。百粒重19.3克，粗蛋白45.5%，粗脂肪含量17.4%，出豆腐率高，鲜食口味较佳。耐阴性强，耐高肥水，高抗病毒病，伤后再生力强。

3. 适宜范围

适宜四川低海拔地区种植，宜与玉米、红苕等间套种植。极适合大面积旱三熟与春、夏玉米间作，也可作田埂、围边净作种植。

4. 栽培要点

适时播种，亩用过磷酸钙15千克，拌草木灰作盖种肥，间作于玉米夹行内与玉米错窝，每带双行，亩植1750窝。出苗前后综合防治地下害虫伤苗。出苗1月内去弱留强匀苗、定苗，每窝留2株，亩保苗3500株以内。生育前期结合玉米管理视苗情酌情用肥兼防病虫。出林后（玉米收后）重管，及时扶苗、提苗。花荚期可用快杀灵、虫螨克等防治豆荚螟、蚜虫类等。生育后期理顺苕藤生长方向，使苕豆互不遮阴。

二、极早熟大豆品种贡豆5号

贡豆5号是自贡市农科所选育，1993年审定的品种。

1. 生育期

全生育期短，春播85~90天，秋播仅70~75天，播期弹性大，可春播、夏播，亦可秋播。

2. 特征特性

株高 30 厘米以上，分枝少，紫花，灰毛有限结荚习性，荚呈扁平大弯镰形，种粒椭圆形，种皮淡黄，百粒重 19 克左右。高抗病毒病，斑驳粒少，完好粒率高。

3. 适应范围

盆内地区均宜种植，极适合作早春青毛豆栽培和稻田秋豆种植。

4. 栽培技术要点

（1）播期　作青毛豆栽培的，宜赶早于 2 月中旬至 3 月中旬抢气温回升地膜覆盖种植；以收子粒为目的推迟到 4 月上旬播种。作秋大豆种植，应依据茬口情况赶早播种，最迟播期不超过 8 月 23 日。

（2）合理密植　春豆行窝距应控制在 1×0.5 尺之内，每窝双株，亩留基本苗 2.2 万～2.4 万株，秋播亩留基本苗应不低于 2.5 万株，地力水平高宜稀，地力水平低宜密。

（3）施肥　春豆一般亩用过磷酸 30～50 千克拌 1000 千克土杂肥盖种即可。秋豆除此之外，出苗后及时用少量尿素对清粪水灌窝提苗，一周后再提苗一次，每次氮肥用量纯氮均不宜超过 3 个。

（4）管理　及时中耕除草、培土，保持田园清洁和土壤通透性，减少病虫害，防止倒伏。秋播，打窝要浅，播后用“稻草把”叉开暂时覆盖，出苗后及时撤去，可防暴雨，暴晒。初荚期视生长情况可用 1%～2% 的尿素液对 1% 磷酸二氢钾进行根外追肥 1～2 次。

（5）虫害防治　春播，出苗期防土蚕、毛虫危害，苗期防卷叶螟、蚜虫、螨类，结荚期防治豆荚螟。秋播更应注意防虫。

三、浙春3号

是浙江省农科院选育的春大豆早中熟品种，生育期90~100天，熟期适中，1997年四川引种审定后应用于稻田免耕撒播方式种植，在眉山、乐山等地有较大面积推广。

该品种为有限结荚春大豆，高产稳定，适应性广，耐温性较好，耐肥抗倒，较耐阴，在肥力水平产高和连续阴雨天气条件下不易秆长倒伏，且高抗病毒病，适合稻田水旱轮作；籽粒椭圆形，黄皮黑脐，百粒重20克左右。品质较优，蛋白质含量47.83%，脂肪含量17.85%，适于加工豆制品。

四、南豆5号

南豆5号南充市农科所选育，是2003年通过四川审定，2004年通过国家审定的高蛋白大豆品种。

1．生育期

平均生育期109天，属春大豆早中熟品种。

2．特征特性

白花，披针形叶，株型紧凑；株高49.5厘米，分枝2.3个；成熟时荚呈褐色。种子椭圆形，种皮黄色，脐褐色，籽粒大，百粒重22.4克，平均粗蛋白质含量46.18%，粗脂肪含量18.71%。

3. 适应范围

抗倒伏、耐湿、耐旱，适应性广，适宜在全省范围内的平坝、丘陵、低山区等地区春播种植。

4. 栽培技术要点

(1) 播种期　春播3月下旬至四月上旬，秋播7月上旬至下旬。(2) 种植密度　净作亩保苗1.2~1.4万株。与花生、红苕等作物间作亩保苗0.5~0.6万株。

(3) 施肥　亩施过磷酸钙20~25千克及人畜粪水1000~1500千克作底肥。

第七章
优质油菜

我国是世界油菜主产国，油菜种植面积和总产量均居世界首位，提供全国食用植物油的30%左右。我国从20世纪80年代开始才逐步发展优质油菜生产，虽然起步晚，但发展速度非常快，目前各育种单位已选育出一大批双低的优质油菜新品种。2000年全国优质油菜品种种植面积突破5000万亩，其中双低油菜比重达80%以上。我国双低杂交油菜生产已跃居世界领先地位，但是我国的优质油菜目前还未打入国际市场。

四川是我国油料作物的主产省之一，油菜作为四川省的一大优势作物，占全省油料作物种植面积和总产的80%以上。面积居全国第三位，居西部第一位；总产居全国第二位，居西部第一位，亩产居西部首位。随着我国加入WTO，以及人民生活水平不断提高的要求，推广优质品种，优化品种结构，大力发展双低优质油菜，改善油菜子品质，提高油菜子综合利用率已势在必行。近年来，四川省各科研院所、大学已选育了一批双低优质油菜新品种，用于大面积生产。

第一节 优质油菜概念

一、菜子油的主要成分

油菜生产的主要目的在于收籽榨油。一般甘蓝型油菜种子的含油率在35% ~40%之间，高的可达45%左右。菜子油是由多种脂肪酸组成，按所含碳原子数和双价数可分为 $C_{16:0}$（棕榈酸）、$C_{18:0}$（硬脂酸）、$C_{18:1}$（油酸）、$C_{18:2}$（亚油酸）、$C_{18:3}$（亚麻酸）、$C_{20:1}$（廿碳烯酸）、$C_{22:1}$（芥酸）等几种主要脂肪酸，其中无双价的棕榈酸、硬脂酸为饱和脂肪酸，有双价的油酸、亚油酸、廿碳烯酸、芥酸为不饱和脂肪酸。附表1

表1 几种食用油脂的脂肪酸组成（%）

食油	豆蔻酸	棕榈油	硬脂酸	油酸	亚油酸	亚麻酸	廿碳烯酸	芥酸	其他
种类	14：0	16：0	18：0	18：1	18：2	18：3	20：1	22：1	脂肪酸
棉子油		24.6	2.6	16.5	55.6	–	–	–	0.7
大豆油		10.6	4.1	20.5	52.2	10.6	–	–	2.0
芝麻油		8.3	4.2	40.4	43.7	2.9	–	–	0.5
花生油		11.4	3.0	41.2	37.6	–	1.3	–	5.5
菜子油		3.0	1.5	16.6	14.2	7.3	8.9	48.5	
猪油	2.2	25.9	14.6	43.6	8.3	0.2	0.2	–	5.0
黄油	9.0	23.6	12.5	28.1	3.6	1.3	–	–	21.9

（引自中国医学科学院卫生所1997）

从表1可以看出：猪油、黄油等动物油主要含饱和脂肪酸，菜子油等植物油脂主要含不饱和脂肪酸。食用含不饱和脂肪酸为主的植物油脂，特别是油酸和亚油酸对人体有益，尤其是食用亚油酸后，人体容易吸收消化，并有降低人体内血清胆固醇和甘油三酯的作用，对软化血管和阻止血栓形成以及人体内脂的代谢起着特别重要的作用。芥酸为长链高碳脂肪酸，食用后消化吸收慢，营养价值较低。亚麻酸为不饱和脂肪酸中氧化比率最高的脂肪酸，在与空气、阳光、热接触时，极易发生氧化而变性，使菜油变质败味，不耐贮藏。菜籽油脂肪酸成分虽优于动物油脂，但和其他植物油脂比较，其芥酸和亚麻酸含量偏高，而亚油酸含量偏低，因此需要对菜籽油的脂肪酸组成进行改良，即进行低芥酸、高亚油酸育种。

二、菜籽饼的主要成分

油菜子榨油后的饼粕含蛋白质30% ~40%，最高可达47%以上，含粗纤维9.3% ~13.4%，含灰分7% ~7.3%，含硫甙葡萄糖甙类物质4% ~7%（甘蓝型），以及植酸和芥子碱。另外还含有叶绿素和微量的钙、磷、钾、钠、铁、锰等矿物质。芥菜型油菜饼还含有芳香油，主要用作芥末。

油菜籽饼在国内主要用作饲料和肥料，在欧洲及加拿大等国家，主要用作精饲料。因此优质油菜育种，要求饼粕中蛋白质含量要高，纤维素含量低，并减少和除去硫代葡萄糖甙、植酸和芥子碱等不利物质。硫代葡萄糖甙本身无毒，但在芥子酶或水解酶的作用下，可以分解出唑烷硫酮、异硫氰酸酯、硫氧酸脂和腈等有毒物质，作为饲料，对单胃动物有害，可使家畜甲状腺肿大，并导致代谢紊乱。植酸又称肌醇六磷酸，是一种很强的螯合剂，能与带正电荷的金属阳离子如钙、镁、铁、锌等或蛋白质形成植酸复合物，使无机物的生物效能降低，阻止蛋白质的酶解。在饲料中含量高时，使牲畜表现出厌食、生长机能衰退、吸收蛋白质能力降低。芥子碱含量多时，可在消化道中水解，释放出大量胆碱，胆碱又被转化成具有鱼臭味的三甲胺。但植酸和芥子碱在饼粕中含量很小，目前首要解决的是选育不含硫代葡萄糖甙的优质品种。国内已选育出一大批低硫的优质品种。

三、优质油菜的概念

优质油菜主要是指油菜产品的品质符合育种目标和市场需要。油菜产品的品质，应包括含油量、油中各种脂肪酸含量、饼粕中硫代葡萄糖甙（简称硫甙）含量及其组分，种子中蛋白质含量、纤维素含量以及植酸含量等等。从广义讲优质油菜应包括菜籽含油量高，脂肪酸中亚油酸、油酸含量高，芥酸、亚麻酸含量低，饼粕中蛋白质含量高，硫代葡萄糖甙、纤维素、植酸、芥子碱等含量低。从现已投入生产的优质品种来看，优质油菜主要是指油中脂肪酸组成中的芥酸含量和菜饼中的硫甙含量都要低。对于一般原种要求芥酸含量为脂肪酸总量的1%以下，硫甙含量为40克分子/克菜饼以下（包括吲哚硫甙在内）。凡是具有低芥酸含量或低硫甙含量的新品种，称为低芥酸品种或低硫甙品种；同时具有低芥酸和低硫甙含量的新品种，称为双低品种。

第二节 优质油菜高产栽培技术

一、抓好保优栽培技术

1. 选用双低优质品种

要选用符合品质和质量的双低油菜种子，其水分含量9.0%以下，芥酸含量2%以下，硫甙含量40mol/克饼。其次要选用优质高产良种。据分析，在作物增产因素中良种占27%，是作物增产的基础。四川省已审定一大批双低品种新品种，目前主要推广品种有蓉油12、川油58、德油6号、蜀杂10号、德油9号、绵油17、川油33、蓉油13、蓉油15、南油12、宜油15等，各地可因地制宜选用。

2. 搞好隔离防杂，集中成片种植

据研究，甘蓝型油菜的异交率，如果不同品种插花种植，则当年品种间异交率为10%～30%，当与高芥酸油菜品种串粉杂交后，杂交当代种子的芥酸含量即上升到两亲本芥酸含量的平均值。但集中连片种植，芥酸含量基本保持稳定。为了防止不同品种的异花授粉和生物学混杂，根据目前生产体制，可以整乡为单位，整乡整村集中成片种植。同时，不用前茬是常规油菜的地方做苗床，其他品种油菜或能串花的十字花科蔬菜应相距

600 米以上。

3. 严防机械混杂

油菜种子细小，容易造成机械混杂，在良种繁育过程中，在播种、收获、脱粒、晒种、调运、贮藏、加工等环节中，要严格防止机械混杂，还要防止人为掺杂。

二、培育壮苗，中苗早栽

为了有利于培育壮苗和提高优质油菜种子的利用率以及对优质油菜进行规范化生产，优质油菜可采用育苗移栽方式。

（一）育苗移栽优点

首先可以提高优质良种的利用率，如大田直播一般每亩需要用种 0.5 ~0.7 千克，如采用育苗移栽，1 亩大田需要的育苗种量仅为 0.1 千克。二是能做到适时播种，采用育苗移栽解决了前后作物季节矛盾并提高复种指数。由于播种期不受前作物的限制，能做到适时播种，有利提高复种指数。三是有利培育壮苗，由于苗床面积小，能做到适时播种和精细管理，移栽时又能选壮苗移栽，保证移栽质量，做到一次保全苗，消灭三类苗，为高产打好基础。

（二）壮苗特征及作用

油菜壮苗应具有的形态特征：

（1）株形矮壮，节间短缩，叶序排列紧密。

（2）绿叶数多，叶片大而适度，呈正常绿色，叶柄粗短。

（3）根系发达，主根粗大，枝系根多、幼嫩，根茎粗短。

(4) 无病虫害，无畸形表现。

(5) 具有品种固有特征，无杂苗。

壮苗地上部叶片数多、叶片大、绿叶面积大，光合作用强，制造有机养料多，腋芽多而壮，将来形成大分枝多，且分枝部位低，为植物营养体生长和后期生殖器官发育提供有利条件。壮苗地下部根系发达，枝系根多，吸收肥水能力强，贮藏丰富养分，移栽后成活早，发根旺，越冬抗寒性强，后期抗倒伏能力也强，经济性状良好，产量高。

(三) 培育壮苗的技术措施

1. 选好留足苗床

要求土质肥沃疏松，保水保肥力好，最好是砂壤土或壤土。苗床地要背风向阳，地势较平坦，离水源近，离移栽大田近，离房屋远。一般以选择旱地为好，其次为砂性田，黏重的泥田不宜作苗床。为保证品质和纯度及避免病虫危害，苗床地应是前作未种过油菜和蔬菜的土壤，特别忌种过十字花科蔬菜地。留足苗床地的面积，对于培育壮苗十分重要，是培育壮苗的前提。根据目前各地的经验，苗床面积和大田比应为1∶5~7。

2. 精细整地，施足底肥

油菜种子小，发芽出苗顶土力强，苗床地必须精细整地，使土块尽量细碎，上下一致、无大块、无空隙，并除去前作物的根茬、枝秆、草根等。整地时结合施底肥，以有机肥为主，并增施磷肥。因为油菜对磷比较敏感，当土壤速效磷含量小于5毫克/千克时，即出现明显的缺磷症状。苗床地应施腐熟的堆渣灰肥 15000 ~ 25000 千克，腐熟的人畜粪尿 10000 ~ 15000 千克，过磷酸钙 20 ~ 30 千克。将肥料施入土中，并使土、肥充分混合，然后将土整平作厢。

3. 适时播种，提高播种质量

适期播种是优质油菜培育壮苗，夺取高产的一项重要措施。据研究，油菜种子萌发的最低温度为 3℃ ~ 4℃，最适温度为 25℃，最高温度为 36℃ ~ 37℃。四川省油菜播期一般中熟种 9 月中旬，晚熟种 9 月上、中旬，早熟种 9 月下旬，一般低海拔地区宜迟，高海拔地区宜早。

可采取分厢定量的办法，种子掺和一定量的细堆渣肥或干湿适度的草灰，以增加体积，然后分别撒在每一厢上。播后用细堆渣灰肥或掺和细沙土进行盖种，以刚好把种子盖着为宜，不可盖厚而影响出苗。

4. 加强苗床管理

①早匀苗。第一次匀苗在幼苗长出 1 ~ 2 片真叶时进行，苗距 4 ~ 5 厘米左右，第二次定苗在 2 ~ 3 片真叶时进行，苗距 8 ~ 10 厘米。间苗定苗应做到去密集的苗子，留稀疏的苗子；去杂苗子，留纯正的苗子；去病苗、弱小苗，留健壮苗子。②早追肥。由于油菜种子小，本身贮存的养分少，到三叶期必须及时追肥，每亩可施人畜粪肥水 750 ~ 1000 千克，再根据苗情适当增施少量氮素化肥，若天气干旱，可在粪中多对水，同时起到抗旱促苗作用。在移栽前 1 星期施一次“送嫁肥”或

称“起身肥”，每亩用氮素化肥5～8千克兑水，并加入适量粪肥水，促进多发新根，快返青。③及时防治病虫害。油菜苗期容易发生蚜虫、菜青虫、病毒病、霜霉病、猝倒病等。发现病虫及早防治，有效减轻病虫为害。④在间苗定苗的过程中结合清除杂草，以免和菜苗争光、争肥、争水并加重病虫危害。⑤对于播种期较早、施肥足、气温较高、生长发育快的幼苗或前作为双季稻、再生稻田的迟栽苗，目前油菜生产上用得比较多的是多效唑。多效唑是一种广谱性的生长延缓剂，在油菜苗床三叶期喷100～150毫克多效唑较为适宜，效果显著。

（四）中苗早栽

中苗早栽，伤根少，可充分利用秋季温光资源，有利幼苗多长叶快发根，有利培育壮苗，促进秋发，制造和积累较多养分，为高产打下基础。目前甘蓝型优质油菜苗龄以25～30天为宜，早熟种偏早，晚熟种偏迟。栽植密度应根据各地区气候特点和品种类型不同，晚熟种偏稀，一般6000～8000株/亩，迟栽的早熟种偏密，一般又10000～12000株/亩。

保证移栽质量，做到三匀和三带。三匀是：按照栽植密度行株距栽匀，大小苗分开栽匀，栽的深浅要均匀。三带是：移栽苗尽量带土而不伤根；移栽前一个星期施送嫁肥（起身肥）带肥移栽，促发新根；移栽前苗床打一次农药，带药移栽，把病虫消灭在移栽前。移栽时一定要把幼苗的根栽直栽稳，以免形成弯脚苗、高脚苗，造成后期倒伏，同时边栽边施定根粪肥水，以促进早返青、快成活。

三、合理密植

（一）油菜的产量结构

油菜产量有两种含意，即产籽量和产油量。目前一般主要是指产籽量。油菜籽的产量是由单位面积上有效株数、单株有效角果数、每果粒数、粒重因素构成，可用下式表示：

$$\text{油菜籽产量（千克/亩）}=\text{亩有效株数}\times\text{单株有效角果数}\times\text{每果粒数}\times\frac{\text{千粒重（克）}}{1000\text{（克）}\times 1000}$$

这三个产量构成因素中，有效角果数，受栽培条件和环境因素的影响较大，变幅也最大。每果粒数和千粒重受遗传因素的影响较大，受栽培条件和环境因素影响较小，因此变幅较小。单位面积上有效角果数对产量的影响最大。应在单位面积的角果数达到最大值的基础上，争取更高的粒数和粒重。

单株有效角果数又是由单位面积上的株数直接相关。在稀植的情况下，单位面积的株数减少，而单株有效角果数增加；在密植的情况下，单位面积的株数增多，而单株角果数减少。要协调油菜植株个体生长发育与群体生长发育之间的关系，在保证单株有较多的有效角果的基础上，争取单位面积有更多的植株群体，从而达到单位面积上有最高的有效角果数。

（二）合理密植的原则、密植范围及种植方式

合理密植的原则　影响油菜合理密植的主要因素有

土壤、肥料、水分条件和品种、播种期及栽培技术等。油菜生长势的强弱和发育的快慢，受土壤、肥料、水分三因素的综合作用的影响很大。在土层深厚肥沃的土壤条件下，油菜植株生长势较强，枝叶繁茂，种植密度宜稀。如土层浅薄、有机质少的瘠薄土壤，油菜植株生长瘦弱，应加大种植密度。肥料对油菜生育的影响十分显著。一般施肥水平高的田块，植株生长繁茂，种植密度宜稍稀。肥力水平低的田块，植株长势较差，要获得较高产量，应适当加大种植密度。播种期早的，气温较高，植株生长发育快，密度应稍稀。播种迟的，株植生长发育减缓，生长量相对减少，密度应适当加大。品种植株高大、分枝多、株型松散以及生育期长的密度应偏稀。品种株高、分枝数中等、株型紧凑和生育期较短的，密度应偏密。气温高、病虫害严重的地区应偏稀。气温低、病虫害轻的地区应偏密。实现油菜合理密植总的原则是：①能相对统一油菜植株个体和群体的矛盾。在个体较好发展的基础上，群体得到发展，以充分利用光能和地力。②能相对统一每亩株数、每株果数、每果粒数和粒重几个产量构成因素之间的矛盾，以求每亩株数和每株果粒的乘积达到最大值，即单位面积上果数的最大值，而每果粒数和粒重基本不减少或减少很微小。③能相对统一主轴和分枝结果的矛盾，适当增加主轴花序，依靠一次分枝花序，减少第二次分枝以下的花序。通过增加主轴及一次分枝花序的比重，从而增加群体的总有效角果数，达到高产的目的。④优质油菜由于和非优质常规种比较，生长势稍弱，抗病力稍差，为了获得高产，必须有足够的群体，因此密度应比非优质常规种密些。

合理密植的范围及种植方式。根据长江流域冬油菜区的生态条件合理密植的适宜范围在0.6万~1.0万株，土壤肥力高、施肥水平高宜稀，土壤肥力差、施肥水平低宜偏稀。在确定了合理的密度即单位面积的基本苗数后，合理安排种植方式，调整株行距，既能扩大叶面积，有利充分利用光能和地力，又能减少荫蔽，有利通风透光，使个体和群体的生长发育得到协调，从而提高产量。目前适合于优质油菜的种植方式主要有两种，即等行种植与宽窄行种植。等行种植即是行间距离相等，一般行距大于株距或等于株距。行株距的大小应根据各地区气候条件、土壤肥力水平以及品种特性而定。生产上一般要求在保证密度的前提下，适当放宽行距，缩小株距，有利充分利用空间和地力，并协调个体生长与群体生长关系，达到增产目的。另一种方式为宽窄行种植，即宽行距与窄行距相间种植。这种方式进一步调整了行间距，更有利于行间通风透光，又便于田间管理，如是旱作则有利于后作物的适时播种达到全年增产。

四、科学施肥

（一）油菜对各种营养元素的需求

油菜生育期长，株体高大，枝叶繁茂，是需肥量大的作物。根据油菜生长发育中所需营养元素量的多少，大致可分为两大类即大量元素和微量元素。大量元素主要有氮、磷、钾、硫、钙、硅、镁等。大量元素在油菜植株体内的含量大大超过微量元素，一般为单株干物重的0.2% ~5.0%。其中以氮素含量最高，其次是钙、钾，再次为磷、硫、镁。微量元素主要有铜、硼、锰、锌、铁等。微量元素在油菜体内的含量一般为7.4 ~256.5毫克/千克，以铁含量最高，其次是锌、锰，再次为硼、铜。下面重点介绍油菜对氮、磷、钾、硼等元素的需要。

1. 氮素营养

油菜不同时期植株含氮量大约占植株干重的4.5% ~1.2%，前期含量高，后期含量低。这些氮素与碳水化合物结合形成各种形态的含氮化合物，以形成蛋白质、叶绿素、核酸和一些游离态的氨基酸。油菜从土壤中吸收无机态的氨态氮与硝态氮，还有有机态的天门冬酰胺、谷酰胺类氮化物。这些氮化物在油菜生长期内不断地被吸收，并在植株内进一步合成和分解。由于氮素是需要量最大的元素，大多数土壤提供的氮素都是不足的，需要施用较多的氮肥才能满足油菜生育而获得高产。油菜缺氮表现为：植株生长瘦弱，主茎矮而细，分枝减少，叶色变淡褪绿变黄，往往呈现紫色，老叶凋落，角果数减少，种子小而轻。

2. 磷素营养

磷是油菜生长发育不可缺少的营养物质，磷是核和核蛋白的组成成分，在油菜生长发育中，磷主要对能量传递体系起介质作用。在绿色叶片和果皮进行光合作用，将光能转变成化学能的过程中，如形成三磷酸腺甙即ATP，需要有磷酸的参加，在脂肪合成过程中的中间产物如磷酸甘油酯也需要磷参加。磷素直接参与碳水化合物的转化和运转，参与氨基酸、脱氨基、转氨基及脱羧基作用，影响氨基酸和蛋白质的分解和合成。磷能促进细胞分裂和增殖，苗期促进根系发育，增强抗寒能力。

油菜缺磷的影响：主要表现在植株体内含磷下降，其氮磷比例相应发生改变，由正常植株的3～5∶1变为10～12∶1，使过多的氮素形成叶绿素，叶片变成暗绿色。缺磷还引起根系发育不良，叶片变小，叶肉变厚。严重缺磷时，叶片变成暗紫色，逐渐枯萎，以致不能抽薹开花。中度缺磷，则分枝及角果减少，籽粒不饱满，产量显著下降。在油菜生长期内，要求土壤速效磷含量保持在10～15毫克/千克。若小于5毫克/千克时，土壤容易出现缺磷症状，必须及时补施磷肥。

3. 钾素营养

钾和镁是所有植物都必需的两种阳离子，油菜对钾的吸收量比磷为多。因此单纯依靠土壤的天然供应量往往不能满足其需要，必须通过施用钾肥来提高油菜的产量和品质。钾对油菜体内各种重要的酶类起着活化剂的作用。由于钾能起酶活化剂的作用，因此它能促进碳水化合物的合成与转化，促进氮素的吸收与利用直至蛋白质的形成。同时它还能使植株增强抗倒性与抗病性。另外钾能提高细胞汁液浓度和细胞渗透压，从而增强耐寒能力。

油菜缺钾时，引起代谢紊乱，体内主要有机物的合成、光合作用和呼吸作用的活性失常。由于钾在植株体内移动性大，所以缺钾首先在最下位的叶片出现。缺钾的幼苗3~4片真叶时，由于花青素增加，叶片和叶柄有的呈现紫色。随后在下部叶缘可见“焦边”和淡褐色至暗褐色枯斑，叶肉组织呈明显“烫伤状”。植株明显缺钾时，叶片细胞失去膨压而枯萎。叶片上的症状出现后，进一步发展则茎秆表面呈褐色条斑，病斑连成一片时，茎秆枯萎折断，造成现蕾开花不正常。严重缺钾时，出叶慢，各生育阶段推迟，根系弱小，颜色由白变黄，活力减退，菜籽产量与含油量均明显降低。

4. 油菜对硼的特殊需要

硼是油菜不可缺乏的微量元素，缺硼时，作物体内游离氨基酸增加，蛋白质减少，酚氧化酶活性异常地增高。硼能促进钙及其他阳离子的吸收，从而促进细胞壁质和细胞间质的形成，而且被固定于组织内不易移动。硼对花粉、花粉粒中生殖核的分化，子房和胚珠的分化发育，受精过程，胚的发育都是必需的，因此缺硼会造成“花而不实”。

油菜缺硼的表现：油菜需硼量较其他作物多，当土壤中含硼量低于0.4毫克/千克时将表现缺硼。土壤严重缺硼时，油菜苗、薹期即可发病，病株萎缩死亡；土壤轻度缺硼时，花期出现症状，病株花而不实。苗期土壤严重缺硼时，幼根停止生长，没有根毛或侧根，根皮变褐色，皮层龟裂，以至脱落坏死；幼叶缺绿变褐，逐渐扩大，蔓延至整个生长点，生长点由褐色变焦枯，遂成死苗。薹期根系发育不良，须根极少，表皮褐色，皮层龟裂；中部叶片先变暗绿色，叶质增厚、易脆、倒卷，叶缘先变为紫色，后变成蓝紫色，叶片提早脱落；

抽薹迟缓，有的薹茎极度缩短，成为矮化株形。花果期花序顶端花蕾退绿变黄，萎缩干枯或脱落；开花不正常，胚珠萎缩不能发育成正常种子，形成空果；茎秆中下部皮层出现纵向开裂；角果皮和茎秆呈紫红色至蓝紫色。另外缺硼使植株输导组织发育不良，严重影响糖分向结实器官运输，而滞留在营养器官中，同时导致光合机能下降，影响有机营养的积累。

对油菜缺硼的地区，苗期、薹期各喷一次 0.2% 硼砂溶液的比单独浸种或作底肥的增产效果好，比对照不施硼的增产 11.4%，苗期 + 薹期 + 初花期分别喷药的比苗期、薹期、初花单独喷药的效果好，比对照喷清水的增产 16.2%。硼砂溶液以 0.2% 的效果好，比对照喷清水的增产 17.8%。喷硼后使菌核病发病率降低 28.6% ~ 68.8%。

（二）油菜施肥的原则

油菜是需肥较多作物，根据杨经泽研究亩产 100 ~ 150 千克的甘蓝型油菜，亩施纯氮 12.5 ~ 15 千克，五氧化二磷 7.5 ~ 10 千克，氧化钾 10 千克。其氮∶磷∶钾的比为 1∶0.5∶0.7。

在施肥时，首先安排好底肥与追肥的比例。一般地区，底肥可占总肥量的 30% ~ 60%，瘠薄地应多施底肥，有利活土肥苗，迟效肥多的应多作底肥。总肥量大的，也应增加底肥，避免追肥过多过猛，造成负作用。在追肥中，要合理安排苗肥、腊肥、薹肥、花肥等的施肥量。一般以苗肥、薹肥为重点。在高产施肥中，通过控制施肥期和施肥量，来调节营养生长与生殖生长，地上部与地下部的关系，达到稳定、高产、优质、高效的目的。四川省农技推广总站经过多年试验，总结出了油菜施肥原则为“施足底肥、早施提苗肥、重施开盘肥、看苗施好蕾薹肥”，底肥、提苗肥、开盘肥分别占30%、30%、40%。

根据油菜的需要规律，从底肥到追肥都应配合施用氮素肥料。由于目前油菜产区的土壤普遍缺磷，油菜幼苗对磷素敏感性最强，需要在底肥中配合磷素肥料。但磷酸易被土壤中的铁、铝等离子所固定，当土壤有效磷含量丰富时，再施磷肥亦无增产效果，故不宜盲目增施。除一般砂性土外，土壤的含钾量较为丰富，但也有不少土壤速效钾和缓效钾不够充足，需要在基肥中配合施用钾素肥料。在底肥中增施草木灰和有机质肥料，也可补充油菜的钾素营养。

五、加强油菜大田田间管理

油菜大田田间管理分三个阶段，一是大田苗期田间管理，二是蕾薹期的田间管理，三是花果期田间管理。

（一）油菜大田苗期田间管理

油菜从移栽到现蕾这段时间称为苗期，冬油菜苗期很长，一般占全生育期的一半以上，为了充分利用越冬前较高气温多长叶快发根，扩大绿叶面积，制造较多的有机养分，促使生长锥多分化茎节和叶片，促进花芽分化和腋芽发育，应做好以下工作。

1. 早施提苗肥，重施开盘肥

提苗肥施用以早为好，有利于在11月较高温度下，促其多长叶快发根。苗期追肥，一般应追施2次。第一次在移栽成活后立即追肥，约在移栽后7~10天，以速效肥为主，每亩施粪肥水1000~1500千克加速效氮素5千克左右。移栽后20~30天内第二次追肥，亩用肥量与第一次相同。开盘肥也叫腊肥，是油菜越冬期的一次重要施肥，由于越冬期是油菜根系生长、叶片绿叶面积制造和积累有机养分的时期，也是花芽开始分化、腋芽开始萌动和发育的重要时期，必须保证充足的养分供应。开盘肥应以迟效肥和速效肥结合，有机肥和无机肥配合。施肥量一般占总肥量的40%左右。可亩施发酵油饼20千克左右或复合肥20千克，粪肥水15~20挑或氮素化肥7~10千克左右。

2. 清沟排水、中耕、化学除草

丘陵冬油菜区，主要以稻田为主，地下水位较高、土壤湿度较大，特别是秋雨多的年份，土壤胀水严重不利于油菜根系生长，形成湿害，应经常清沟排水，降低土壤湿度，减轻湿害。稻田油菜土壤比较黏重，失水后容易板结，加上10~12月份气温较高，容易滋生杂草，不利于油菜根系发育和幼苗生长，因此应在油菜移栽成活后结合追肥进行一次深中耕，以调节土壤湿度，提高土壤温度，彻底清除杂草，为节省劳力、提高效率和保证质量，在优质油菜生产基地应统一组织进行化学除草。油菜田主要是禾本科杂草和部分阔叶杂草。

3. 中耕培土保温防冻

在苗后期结合施用开盘肥（腊肥）进行一次中耕除草和培土，可起到疏松土壤，改良土壤通气状况，提高土温，使土壤水分状况适宜，有利养分分解的作用。同时消灭杂草，减少病虫为害，有利油菜根系良好发育，还可起到保温防冻作用，另外对防止后期倒伏也有积极效果。

4. 增施硼肥

对含硼量在 0.4 毫克/千克以下的缺硼土壤，苗期和薹期增施硼肥的效果最好，硼砂溶液浓度以 0.2% 效果最佳。

5. 化学调控

油菜大田幼苗前期，是培育壮苗夺高产的重要时期，栽培管理上应以促进为主，促、控结合。对于播种早、施肥足、气温高以及部分杂交种幼苗，有可能出现部分徒长旺苗，表现为苗势高大，叶片多而大，叶柄长叶色深，叶肉组织柔嫩，有的缩茎开始伸长，有可能提早封行，采用化学调控是最有效的方法。目前主要采用的调控药物是多效唑。在油菜越冬前（11 月 6 日）喷施多效唑，亩用 15% 多效唑可湿粉性剂 20 克和 30 克，对水 100 千克喷雾，每亩角果数、籽粒数增加，产量较对照增产 141.4% ~146.1%。

（二）油菜蕾薹期田间管理

油菜蕾薹期是从油菜现蕾开始（肉眼可见植株心叶部位的幼小花蕾）到初花（25% 植株开始开花）为止所经历的一段时间。在长江流域冬油菜区是从 1 月底、2 月初（立春前后）到 2 月底、3 月上旬（惊蛰节），大约经历 25 ~35 天。蕾薹期长短与品种和温度有关。一般偏春性的早熟品种，现蕾抽薹较早，蕾薹期较长；偏冬性的迟熟品种现蕾抽薹较迟，蕾薹期较短。如气温高于10℃，现蕾后即迅速抽薹；低于10℃时，现蕾到抽薹的日数就较长。

油菜蕾薹期由于气温回升，植株处于旺盛的营养生长与旺盛的生殖生长同进阶段。植株的营养器官根、茎、枝、叶均在这一时期最后长成。生殖器官花蕾也在这一时期大量分化和发育完成，而且是有效性较高的时期，也是需要和吸收养分量最多的时期和形成有效分枝与有效角果的重要时期。

1．因地制宜看苗施好蕾薹肥

蕾薹期是油菜一生中吸收肥料最多的时期，据中国农业科学院油菜研究所研究表明：在蕾薹期仅30天左右的时间内，油菜吸收氮素占全育期总吸收氮量的45.8%，磷素21.7%，钾素54.1%，是氮、磷、钾日平均积累的高峰。蕾薹肥在施用时应根据不同产区气候特点和植株生育规律，因地制宜，看苗合理施用，以掌握既保证养分供应，促春发稳长，又不早衰、不贪青晚熟为原则。现蕾时植株长势差的宜早施重施，如前期施肥足、植株长势旺的应少施和不施。

2．硼肥施用

硼肥的施用，根据朱洪勋等（1989—1993年）研究结果，在油菜苗期和薹期施硼效果最好，用0.2%的硼砂水溶液叶面喷射，效果最佳，比对照增产17.8%，还可使菌核病发病率降低28.6%~68.8%。

3．预防春寒冻害

油菜是在0℃以上的温度和较长日照条件下开始现

蕾抽薹的。一旦现蕾抽薹，抗寒力就减弱，遇到0℃左右的低温，就有可能受冻。在氮肥多而磷钾肥少的田块，易造成这种冻害。现蕾抽薹期提早（播种过早），偏施氮肥，植株生长过旺，冻害均较严重。预防冻害主要措施是合理施肥，提高植株抗寒能力，防止施氮肥过多，形成旺苗徒长，降低了抗寒力。增施磷钾肥，蕾薹受冻后可以采取割薹办法，用刀割除冻薹，追施速效肥，撒草木灰等抗冻。

4．化学调控

油菜蕾薹期是油菜进入旺盛的营养生长和生殖生长的时期，但仍以营养体生长占优势。在气温高、施肥足、密度大等因素的影响下，营养生长与生殖生长失调，植株容易生长过旺，造成茎秆嫩弱，叶片肥大，田间荫蔽严重。

根据试验结果，以薹高30厘米左右，亩施50克15%多效唑粉剂对水50千克的效果最好。经多效唑处理后，植株初花期、终花期和成熟期将延迟2~3天。

（三）油菜花果期的田间管理

油菜花果期是指油菜始花至成熟所经历的一段时期，包括开花期和角果发育期两个生育时期。开花期指始花至终花，角果发育期指终花到成熟，但实际上从始花起，幼嫩角果便陆续在长大，即边开花、边结果。

油菜进入花果期，是油菜生理上的一个重大转折。花果期之前以营养生长为主，进入花果期之后，开始了以生殖生长为主导的生育时期，只有少量的营养生长。到角果发育期，则进入完全生殖生长的时期，也是直接形成产量的时期。

1. 防治菌核病

菌核病是目前油菜生产中的头等病害，危害极大而又难于防治。土壤、油菜茎秆、种子都可能带菌。菌核在土中两三年不死，但在淹水一个月情况下大部分死亡。菌核病在温暖潮湿的条件下发病严重。油菜初花期前后，土壤中的菌核萌发，但症状要在结实期特别是成熟前才大量表现出来，而病菌的侵染是在初花期，因此菌核病的防治重点在初花期。

2. 巧施花果肥

油菜蕾薹肥的施用基本上满足了油菜蕾薹期营养器官迅速生长需要。初花以后至成熟大约还需经历 60 天左右，主要是生殖器官即花、角、种子的发育。除气候因素影响外，养分供应不足是造成油菜结实率低的重要原因之一。特别是优质油菜生长势弱，后期容易出现早衰现象。因此应在初花期或终花期增施叶面肥。如前中期施肥足，植株生育正常的，可不施花果肥。

花果肥主要以速效氮磷肥进行叶面喷施，如苗、薹期未施硼肥的，可在初花期氮、磷、硼肥一起施用。西南农学院在油菜开花期和结果期喷施 1% 过磷酸钙，油菜籽千粒重分别比对照增加 0. 08 克和 0. 12 克，含油量提高 3. 71% 和 4. 2% 。

3. 灌溉与排水

油菜生育期长，植株高大，枝叶繁茂，是需水较多的作物，而油菜薹期和花期是需水最多的时期。春旱的地区需要进行灌溉，春雨多的地区应清沟排水，降低水位，减轻土壤湿度，防止渍害。

第三节 稻茬油菜免耕栽培技术

一、稻茬油菜免耕栽培特点

稻茬油菜免耕栽培是在油菜直播或移栽前采取不翻耕土地，通过化学除草，直接挖浅窝或撬窝播栽油菜的一种方法。近年来，随着种植业结构的调整。免耕栽培技术推广面积越来越大。据四川省农技推广总站和四川省农科院研究，稻茬油菜免耕高产栽培技术增产机理，主要有以下几点：

（一）免耕保持了土壤良好结构

实行免耕栽培，使土壤孔隙和前茬作物根系网络不受损坏，构成上下连通体系；避免了过湿耕作对土壤结构的破坏，表土没搞浆，底土没压板，有利于根系的生长和土块内部养分释放；免耕未打乱土层，前茬肥料残存表土较多，表土肥力较高，有机质、有效氮、有效磷分别比翻耕高24.3%、7.0%和8.4%。耕作层土壤结构良好，毛管孔隙高4.12%，土壤容重适中，固、液、气三相比例协调，土壤肥力分布上高下低。这些都有利于油菜生长，促进“秋发”。据调查冬至时，免耕油菜单株绿叶11.9片，比翻耕多0.76片，苗高增加7～10厘米，单株果数增加6.9%，每果粒数增加0.26粒，千粒重增加0.03克。

（二）免耕能保证油菜适时早播早栽

免耕栽培油菜不受整田限制，避免了由于田湿土软，整地困难，延误播栽期，一般可比翻耕提早栽期5~7天。做到中苗早栽，延长本田生育期，有效利用秋季温、光资源，积累较多干物质，增加果粒数。

（三）免耕能提高移栽质量

翻耕田土壤过干过湿都难以整细，特别是下湿泥田，土块粗大，表层高低不平，形成许多大孔洞，漏水、漏肥、漏风，油菜栽后缺窝死苗多，生长不整齐。而免耕田土壤表面平整，紧密适度，挖窝深浅、稀密易于掌握，规格质量易保证。表层土壤肥沃，油菜栽后返青快，缺窝死叶少，生长整齐，有利于平衡增产。

（四）免耕有利于前期排湿后期抗旱

免耕土壤结构未受破坏，毛细管上下连通，排水供水性好。前期雨多时，多余的水可随表面径流及时排出田外，减轻湿害；后期干旱时，土壤深层水分沿毛细管上升供给植株需要。据调查，干旱条件下，免耕田耕作层土壤含水量比翻耕高3.2%~4.4%，雨多时的湿田，含水量比翻耕低2.2%。

（五）免耕有利于抗倒

据剖面调查与同位素示踪测定，免耕油菜根系发达，扎根较深，支根数多，有利于抗倒；免耕根系多分布在30厘米土层内，可伸展到60厘米土层，而翻耕栽培的根系主要集中在20厘米土层内；免耕油菜单株支根数52.4条，比翻耕多9.9条。花期根系活力强于翻耕且下降慢，初花期用P32标记后7天、14天和23天测定，每分钟脉冲数，免耕油菜分别比翻耕高42.4%、51.7%和17.7%，至末花期根系活力下降百分率翻耕油菜（50.7%）大于免耕油菜（42.8%），说明免耕油菜根系并不早衰。

综上所述，与翻耕相比，稻茬油菜免耕栽培技术主要特点是：具有一个较好的土壤生态环境，保持了良好的土壤结构，水、肥、气协调，表土层肥力较高，抗旱排湿，土壤水分状况较好；有助于油菜早播早栽，提高移栽质量，返青块，缺窝少，生长整齐，壮苗早发，根系发达，抗倒伏力强，单株果数、粒数增加。因此，稻茬油菜免耕栽培技术是在特定生态条件下对油菜栽培技术的发展，是传统耕作与现代技术的有机结合，是提高油菜单产，促进大面积增产的一项事半功倍的措施。该技术对改造冬水田，提高下湿田、泥田油菜的产量有重要作用。

二、稻茬油菜免耕栽培技术要点

稻茬油菜免耕栽培除常规栽培管理外，主要抓好以下两点：

（一）适时开沟排水

一般在水稻散籽时，及时开好边沟与中沟；水稻收获后，按厢宽4～5米（泥田、下湿用2～3米）开好厢沟，清理好边沟，边厢沟宽18～20厘米，做到沟沟相通，排干积水。

（二）搞好化学除草

四川秋季气温高，雨日多，水稻收后，杂草滋生，播栽前搞好化学除草至关重要，一般在油菜播栽前2~3天用“克芜踪”、“盖草能”等喷雾除草，做到均匀喷药，不重不漏。

第四节 四川省双低油菜品种介绍

一、蓉油12

成都市第二农业科学研究所育成的甘蓝型双低三系杂交油菜品种。种子芥酸含量低于0.12%，商品菜籽中硫代葡萄糖苷含量15.69克分子/克饼，含油量39.24%，丰产性好，2003~2004年省区试中比对照增产13.07%，一次分枝10个左右，单株有效果509.6个，角粒数15.6粒，千粒重2.94克，全生育期222天。抗菌核病能力强于对照。适宜四川省平丘区种植。

二、川油58

四川省农科院作物所选育的甘蓝型双低中熟三系杂交油菜品种。种子芥酸含量0.27%，商品菜籽中硫代葡萄糖苷含量28.47克分子/克饼，含油量39.97%，丰产性好，2004~2005年省区试中比对照增产12.1%，一次分枝8~12个，单株有效果519个，角粒数12.3粒，千粒重4.02克，株高180~210天，全生育期220天，比中油821短2~4天。抗菌核病能力与中油821相近，需肥量少。适宜四川省平坝、丘陵区种植。

三、德油6号

德阳市科乐油菜研究开发有限公司选育的甘蓝型双低中熟核不育两系杂交油菜品种。种子芥酸含量0.15%，商品菜籽中硫代葡萄糖苷含量27.29克分子/克饼，含油量39.04%，丰产性好，2002～2003年省区试中比对照增产9.73%，一次分枝9～11个，单株有效果476.9个，角粒数13.7粒，千粒重3.21克，株高200厘米左右，全生育期215天。抗菌核病和病毒病能力、抗寒力和抗倒力均较强。适宜四川省大部分平、丘区种植。

四、德油9号

四川省什邡市阳光农业科学推广所和四川省农技推广总站选育的甘蓝型双低中熟三系杂交油菜品种。株高220厘米，种子芥酸含量0.28%，商品菜籽中硫代葡萄糖苷含量26.78克分子/克饼，含油量36.6%，2003～2004年省区试中比对照增产7.72%，一次分枝9～12个，单株有效果504.6个，角粒数13粒，千粒重3.6克，全生育期220天。低抗——高抗病毒病，低感——中感菌核病，耐寒力和抗倒力较强。适宜四川省大部分平、丘区种植。

五、绵油17

四川省绵阳市农业科学研究所选育的甘蓝型双低中熟核三系杂交油菜品种。株高195厘米，种子芥酸含量小于0.48%，商品菜籽中硫代葡萄糖苷含量30.52克分子/克饼，含油量39.31%%，2004～2005年省区试中比对照增产7.07%，一次分枝9个，单株有效果538.7个，角粒数13.1粒，千粒重3.39克，全生育期224天。低抗病毒病，低感菌核病，耐寒力与对照相当，抗倒力较强。适宜四川省大部分平、丘区种植。

六、川油33

四川省农科院作物所选育的甘蓝型双低中熟三系杂交油菜品种。株高205～210厘米，种子芥酸含量1.02%，商品菜籽中硫代葡萄糖苷含量27.82克分子/克饼，含油量37.00%，丰产性好，2003～2004年省区试中比对照增产11.28%，一次分枝9～11个，单株有效果447.3个，角粒数12.8粒，粒大，千粒重4.26克，全生育期220天。抗病毒病，低抗菌核病，耐寒力与对照相近，抗倒力不及对照。适宜四川省大部分平丘区种植。

七、蓉油13

成都市第二农业科学研究所育成的甘蓝型双低三系杂交油菜品种。株高215厘米，种子芥酸含量0.08%，商品菜籽中硫代葡萄糖苷含量22.94克分子/克饼，含油量37.8%，丰产性好，2003～2004年省区试中比对照增产11.31%，一次分枝10个，单株有效果506.9个，角粒数15.4粒，千粒重3.04克，全生育期220天。低感——中抗病毒病，低感——低抗菌核病，耐寒力、抗倒力比对照强。适宜四川省平丘冬油菜区种植。

第八章 花　生

花生是四川主要油料作物之一，栽种面积仅次于油菜。近年来，在贯彻“稳粮增收调结构”的农业发展方针中，花生生产迅速发展，2005 年全省种植面积已达 395.9 万亩，比 1995 年扩大 120 万亩，扩大 43. 5%。随着农业结构的战略性调整和西部大开发战略的逐步实施，四川省花生生产还将进一步发展。

第一节 生产概况

20 世纪 90 年代我国花生生产发展很快，1999 年全国面积 6402. 7 万亩，单产 197. 4 千克，总产 1263. 9 万吨，比 1991 年分别扩大 48. 2%、提高 35. 3%、增加 100. 5%。2000 年面积又进一步扩大到 7300 多万亩，总产达到 1300 多万吨。“九五”（1996 ~ 1999 年）期间，全国年均花生面积 5867. 4 万亩，单产 188. 8 千克，总产 1107. 8 万吨，比“八五”分别增加 16. 3%、17. 3%、

36.4%。在13个主产省区中，山东、河南、安徽、江苏、湖北单产均超过200千克，是5个高产省；山东、河南生产规模最大，面积在1000万亩以上，总产分别接近300万吨和250万吨，是我国第一花生优势产区；安徽、湖北生产发展最快，面积扩大40%以上，单产提高30%以上，总产增加90%以上；四川1986~2005年年均面积290.8万亩，平均单产129千克，平均总产37.4万吨，除面积增幅高于全国外，单产和总产增幅均低于全国。在西部地区，四川和广西并列为最大的花生省、区，1999年四川花生面积占西部的33.5%，总产占36.7%，均略逊于广西居第2位，单产比西部高9.5%，居首位。

第二节　花生的生育过程

花生属豆科落花生属栽培种一年生草本植物，是地上开花、地下结果作物，具有无限开花习性，开花期和结实期很长。在栽培上，花生从种子播种到荚果成熟，整个生育期长短因品种而异，一般约110~160天，大体可以分为种子发芽出苗期、幼苗期、开花下针期、结果成熟期4个生育时期。

一、种子发芽出苗期

1. 种子发芽出苗过程

从花生播种到50%的幼苗出土并展开第二片真叶为

种子发芽出苗期。发育健全而完好的种子，在适宜的温度、水分、空气条件下，胚根首先突破种皮向地下生长（称发芽），接着胚轴迅速向上伸长（成为胚茎），将子叶和胚芽推向地面（顶土），当胚芽长大，第一片真叶展开时就叫出苗。在四川省川中盆地，3 月下旬至 4 月上旬播种，出苗期需要 25 天左右，5 月上、中旬播种，出苗期需 8 ~ 15 天。

2. 发芽出苗所需的外界条件

（1）温度　花生种子发芽所要求的最低日平均气温为 12℃（5 厘米地温 15℃），最适温度为 25℃ ~ 30℃，37℃开始抑制，48℃停止发芽。发芽出苗所需的活动积温（>℃）为 180℃ ~ 340℃，有效积温（>12℃）为 81℃ ~ 150℃。

（2）水分　花生种子发芽出苗过程中，需要充足的水分，促进贮藏物质的转化和运输，种子吸水量要达到自身干重的 40% ~60% 才能萌发。到出苗期所消耗的水分相当于种子干重的 4 倍。出苗最适的土壤湿度为 50% ~60%，低于 40% 或高于 70% 都不能正常出苗。

（3）氧气　种子萌动后，呼吸作用不断增强，需要充足的氧气。若土壤板结或水分过多，通透性差，则缺乏空气，发芽出苗就会受到抑制，甚至烂种不能出苗。

二、幼苗期

从出苗到 50% 的植株开花称为幼苗期，简称苗期。这是侧枝分生、根系伸长和花芽分化的主要时期。花生苗期的长短，因品种与环境条件不同而有差异，连续开花品种苗期短，交替开花品种苗期长，在春播条件下历时25～35天，夏播20～25天。苗期主要以营养体（根、茎、叶）生长为主，同时有效花芽大量分化，根瘤菌形成和大量繁殖。花生苗期对氮素很敏感，需要充足的氮素，良好的光照条件是壮苗早发、花芽多结瘤多的重要条件。

1. 根系的生长

种子发芽后，胚根迅速伸长成为主根，主根上长出侧根，侧根上又长出细根，从而形成圆锥根系。苗期根系生长比茎叶快，开花前主根入土可达70厘米，侧根横展可达60厘米。

2. 茎叶生长

幼苗出土后，顶芽生长成主茎，子叶节的两个侧芽长成第一对分枝，其后由主茎第一二片真叶腋内长出第三四个分枝（称为第二对分枝），与第一对分枝呈“十”字形排列，这一现象称为“团棵期”。在茎枝生长的同时，叶片也不断出现和长大，到开花前，珍珠豆型品种主茎上可长出7～8个复叶，普通型品种可长出8～10个复叶，叶色逐渐由浅变深。

3. 花芽分化

花芽即是花序的前身（或原始体）。花生的花芽分化很早，普通型和龙生型品种的花芽分化在出苗时就开始了，珍珠豆型和多粒型品种在种子萌发时就开始分化。团棵期是花芽大量分化的时期，此期分化的花芽多数是有效的，开花期以后分化的花芽则多数无效。

4. 对环境条件的需求

（1）氮素　花生苗期需要氮素不多，约占全生育期需氮总量的5%，但这时根瘤菌正处于繁殖阶段，不能（或很少）固氮，必须通过施肥使花生获得充足的氮素，促进根瘤发育和花芽分化。

（2）光照　良好的光照，可使花生节间短、分枝快，花芽分化良好；若光照不足、荫蔽大，则形成“高脚苗”，分枝慢、花芽分化少。套种时间过早，共生期过长就会严重影响苗期光照条件。

（3）温度、水分　苗期适宜的气温为20℃左右，适宜的土壤湿度为50%～70%。低温多湿，易发生早期叶斑病，高温多湿则根系发育不良，茎叶易发生徒长。

三、开花下针期

从开花到出现鸡嘴状的幼果，为开花下针期。此期的生育特点是花生植株大量开花、下针、结果，进入营养生长和生殖生长两旺阶段。

1. 开花

花生出苗后20～25天开始开花，延续时间50～80天，但有效花期只在始花（10%的植株开花）后30天左右的时间内。在四川自然条件下，6月底7月初以前开的花都能结成饱满果，早播、早出苗、早开花就能增长有效花期。花生是无限花序，开花顺序是自下而上、由内到外，在一般条件下，单株开花量可达50～200朵，但有效花只占15%～20%。因此，培育壮苗使有效花期内的开花数多，结成的饱满果多，就能提高产量。

2．下针

果针入土称为下针。在开花后 3～6 天长出果针，基部小花在开花后 8～10 天下针，小花着生的节位愈高，果针愈长、愈软，入土时间愈晚，甚至不能入土下针。在开花期后 25～30 天进行浅培土可争取高节位的小花下针结果。

3．花针期需要的条件

（1）温度　花生播种后有效积温达到 360℃～440℃才能开花，开花期适宜的日平均气温为 23℃～28℃，日平均气温低于 21℃或超过 30C 开花就受到抑制，成针率显著降低。提早播种，把有效花期调节到高温季节之前，就有利于开花结果。

（2）水分　花生开花下针期需水较多，对水分很敏感，是水分的临界期。5～15 厘米土层的土壤湿度以 60%～70%为宜；若花期遇干旱，土壤湿度低于 40%，则开花中断也不能下针；若雨水过多，土壤湿度超过 80%，又会发生徒长，开花数急剧减少。在开花期进行中耕松土、抗旱排渍，是促进花生多开花、多下针、多结果的有效措施。

（3）光照　开花期光照充足，能使植株生长健壮，开花多而集中；若光照不足，植株生长瘦弱，开花量显著减少，结果就少，产量低。

四、荚果发育成熟期

1．果发育过程

果针入土后 7 天左右子房开始膨大，13 天左右形成鸡嘴状幼果为结果期。30天左右荚果长到最大，这段时间是荚果的膨大阶段。果针入土30天以后，荚果进入充实阶段，干重迅速增加，籽仁迅速膨胀，糖分向脂肪和蛋白质转化，外观果壳逐渐变硬，网纹明显，种皮逐渐变薄，呈现出品种固有颜色。果针入土后50~55天荚果成熟。一朵花从开放到荚果成熟，约需60~70天。

2. 荚果发育所需要的条件

（1）黑暗　是子房膨大的基本条件，悬空生长见光的果针其子房不膨大，即果针不入土就不能结实，入土太浅的果针荚果发育也不正常，果很小。

（2）温度　荚果发育的适宜土温（结果层）为25℃~30℃，低于17℃、高于37℃荚果发育基本停止。昼夜温差大有利于养分积累，徒长、倒伏、荫蔽都会影响荚果充实。

（3）水分　结果层适宜的土壤水分为50%左右，水分过多则会造成荚果发育不良，甚至烂果。后期适当干旱（不造成萎蔫）对荚果充实有利。

（4）氧气　荚果发育需要充足的氧气，土壤板结、通透性差、氧气不足，荚果发育缓慢，空果、秕果多，饱果少，荚果小，容易烂果。中耕排渍、保持土壤疏松，是促进荚果发育、防止烂果的有效措施。

（5）矿质营养　花生结果期是其一生中生长最旺盛期，对矿质营养的需要量最大，氮、磷、钾吸收达最高峰。氮的需要量占全生育期的48.5%、磷占49.5%、钾占66.4%，对钙的吸收量也较大。除氮素主要靠根瘤菌供给外，磷钾钙都靠根系和荚果从土壤中吸收。结果层中有充足的磷、钾、钙，或在此期间进行根外增施磷、钾、钙，就能促进荚果充实饱满。

第三节 花生的栽培技术要点

一、适时早播

1．早播的原则

“两够一不长”：即温度够，日平均气温稳定在12℃以上；水分够，要求表土10厘米土层充分湿润，与前作物共生期不宜太长，宽行（幅）套作花生共生期（从出苗期算起）不超过15天。

2．适宜的播种期范围

红苕休闲地、甘蔗换蔸地、蔬菜地花生，在3月下旬至4月上旬；麦套花生在麦收前25～30天（即4月20日左右），川东南可偏早，川西北宜偏迟。小春连茬夏播花生在小春收后抢时播，并用清粪水浸窝，能促进早生，或采用育苗移栽，力求晚中争早。播种时遇干旱“宁迟勿早”采用等雨播或灌窝播种的方法。

3．选种、浸种、催芽

（1）精选种子　播前带壳晒种2～3天，增加种子酶的活力，吸水快、发芽快。剥壳后剔除破籽、秕籽、霉、烂、油籽，再将种子分成两级，选籽仁饱满、大小均匀、种皮颜色正常的分为一级，小籽、半饱籽为二级，播种时先播一级种子，后播二级种子，便于将弱苗管理成壮苗。

（2）浸种　用“两冷一开”（35℃～40℃）温水浸种3～4小时，或冷水浸泡一昼夜。

（3）催芽　根据气候条件、土壤湿度确定是否催芽，温高、土壤干则不宜催芽。用草筐（窝）催芽，或采用催谷芽的方法，“粉嘴”即可播种，催芽适温为25℃～30℃，时间为18～20小时。

二、合理密植

1．密植增产的原因

花生产量的高低，是由单位面积上的窝数和单窝生产力（果重）构成。花生植株矮小，在大田生产条件下主要靠第一、二对枝结果（占80%～85%），群体内产量因数的自动调节能力很弱，密度对产量的影响很大。在一定的栽培条件和密度范围内，随着密度的增加，单窝分枝数相应有所减少，而群体内第一、二对分枝的总数则随密度增加而增多，产量也随之提高。据1994、1995年渠县、乐至、顺庆、宜宾用天府10号、中花2号品种试验结果，当亩植6000窝增加到10000窝时，每窝果数仅减少2.9个，而亩果数却增加了8.8万个，产量提高28.6%。

2．确定密度的原则

花生生长发育与品种特性和外界环境条件如气候、土壤、肥料、水分、栽培管理有着密切的关系。在确定适宜的种植密度时，应当依据以下三个方面的原则：

（1）根据品种特性　晚熟品种宜稀，早熟品种宜密；植株高大宜稀，株丛矮小宜密；分枝多、叶片大、株型松散的品种宜稀，分枝少、叶片小、株型紧凑的品种宜密。

（2）根据土壤、肥力、气候条件，土层较厚、土质好、肥力高宜稀，土层瘦薄、土质差、肥力低宜密；气温高、雨水多的区域宜稀，反之宜密。

（3）根据栽培条件、前作生长状况　施肥数量多宜稀，施肥数量少宜密；前作长势旺宜稀，长势差宜密。

3．适宜密度范围

花生密植能增产，但并非越密越好。据 1994、1995 年省内宜宾、乐至、顺庆、渠县试验，在亩植 6000 ~ 10000 窝范围内，产量随窝数增加而提高，当密度增加到 12000 窝时，产量明显下降，与亩植 8000 窝产量相近。适宜的密度为漕坝地亩植 8500 ~ 9500 窝，坡台地 9500 ~ 10000 窝，每窝播 2 粒，亩植 17000 ~ 20000 株。

4．种植方式

恰当的种植方式，是合理密植的重要内容，在安排花生种植方式时，应考虑以下两点：

（1）有利通风透光　宽行密窝是比较好的种植方式。行间稀（宽）可推迟封行，有利通风透光，窝间密能保证每亩足够的窝数。行距（或平均行距）以 36.7 ~ 40 厘米为宜，窝距 16.7 ~ 20 厘米为好。

（2）有利于排水防涝　在四川省的花生生长季节中，虽常有夏旱、伏旱发生，但总雨量仍偏多，前期和后期常常积水（或胀水）成涝，影响花生植株生长和荚果发育，甚至造成烂果。采取垄作（垄高 10 厘米左右）

栽培，既可增厚土层，增强抗旱性，发挥边行增产的优势，又利于排水防涝。据 1994、1995 年中江县农业局试验，垄作栽培比平作栽培每亩多收 20 ~ 21.2 千克、增产 8.8% ~9.3%。

三、配方施肥

1. 花生的需肥情况

花生的需肥量较大，据四川省 1987 ~ 1988 年多点试验研究结果，每生产 100 千克花生，需吸收氮素（N）5.73 千克、磷素（P205）1.38 千克、钾素（K20）2.86 千克。花生需钙量也大，每生产 100 千克花生需钙（CaO）2 千克。花生根瘤菌的固氮能力强，在低肥条件可供给花生需氮总量的 70% ~80%，在中肥条件下可供给 60% ~70%，在高肥条件下也可供给 40% ~50%。

2. 因土配方施肥

据南充市农科所和省农业厅土肥处 1987 ~ 1988 年在省内 13 个县紫色土、黄壤、新积土三大土类 10 种母质的 16 个土种试验研究结果，四川丘陵区几种主要土壤的基本特点是缺氮、少磷、富钾，根据土壤供肥能力，结合花生对氮、磷、钾的需肥要求，经济合理的“三要素”配方施肥模式为：

（1）中等紫色土　每亩氮 4.5 千克、磷 2056 千克、钾 205 千克。

（2）低产紫色土　每亩氮 6 千克、磷 2055 千克、钾 204 千克。

（3）酸性黄沙土　每亩氮 6 公斤、磷 2055 公斤、钾 205 千克。

（4）老冲积黄壤　每亩氮 7 公斤、磷 2055 公斤、钾 206 千克。

（5）新冲积潮沙土　每亩氮 4 公斤、磷 2053 公斤、钾 206 千克。

在坡台地上采用这套模式，花生亩产可增加 50 ~ 84 千克。上述模式的氮、磷、钾用量加上花生根瘤菌的固氮能力，能在投入产出之间保持土壤养分的“动态平衡”，不会导致地力亏损。

3．增施微肥、补充钙肥

（1）钼肥　微量元素钼对花生根瘤菌固氮和开花、结实，提高产量、品质均有明显的效果。酸性土（pH < 6.5）缺钼需增施钼肥，在播种时亩用钼酸铵 10 ~ 15 克，加助溶剂（碳铵）10 ~ 15 克，对水 1 千克拌种，亦可在苗期对水 50 千克喷叶作根外追肥。

（2）铁素　碱性土（pH > 7.5）容易缺铁，使植株上部叶片发黄（失绿症状）。发现缺铁性黄叶时，亩用硫酸亚铁（黑矾）150 ~ 200 克对水 50 千克喷叶。一般喷施 2 ~ 3 次，每间隔 10 天喷一次效果最好。

（3）钙肥　花生对钙素的需要量较大，仅次于氮、钾而高于磷素。在酸性土和老花生产区易缺钙，造成荚果空壳多、籽粒不饱满。补充钙肥有利提高产量和品质，最好在花生下针期亩施石灰 30 ~ 40 千克。但不宜连续施用，否则会破坏土壤结构，降低土壤肥力。

4．花生施肥技术

花生施肥要求做到“足”、“早”、“深”。

（1）施足　以产定肥，一般亩产200~250千克花生，要求亩施土杂肥500~1000千克、尿素10~15千克（或碳铵30~45千克）、过磷酸钙30~50千克、草木灰50~70千克。因土合理选择配方，肥力低土质差选择高量，还可适当增加氮素用量，肥力高土质好应选用低量，并适当增加钾素的用量；酸性土增施钼肥，碱性土喷施硫酸亚铁，老花生产区和酸性土应补充钙肥。

（2）施早　花生的吸肥高峰虽然在结果期，但苗期对氮素反映很敏感，且下针后施肥极不方便，因此花生施肥宜早。覆膜栽培、空地花生、宽行（幅）麦套花生应作底肥施用。追肥宜早，尤其是麦套花生受前作物影响植株生长瘦弱，应在麦收后亩用尿素1~2千克，对清粪水30~40担灌窝提苗。夏花生生长期短，又是抢时播种，对播种时施肥不便和底肥不足的，应在齐苗后始花前及时追肥。

（3）深施　花生根系集中分布地表下面6.7~20厘米的土层中，应采取底肥开沟施（肥沟深10~13.5厘米）、追肥开窝施的方法，把肥料施入土层中便于根系吸收，同时减少流失浪费。

四、加强田间管理

1．出苗期管理

应及时做好检土揭盖、治虫保苗、清棵促枝，确保苗齐、苗全，促进分枝早生快发，培育壮苗。

（1）检土揭盖　开始出苗后，发现压苗的大土块、土壳应及时捡掉，盖上细土，以免“盘芽、闷芽”。

（2）查苗补缺、治虫保苗　春播花生常遭小地老虎（土蚕）危害，咬食嫩枝、叶片，造成缺窝、幼苗生长差，发现缺窝立即采取催芽补种或育苗移栽，保证苗全，并及时用1500倍敌杀死喷苗治虫。

（3）清棵促枝　将花生幼苗基部周围的土刨开，晾出两个子叶瓣叫清棵。在花生基本齐苗时进行清棵，有抑制主茎生长、促进结果枝早生快发的作用。在一般条件下，对子叶出土的苗窝可以不清棵，但在高产栽培条件下，则必须普遍刨窝晾脚，使子叶下轴露出0.5厘米左右，才能起到良好的蹲苗促根、增枝壮苗的作用。在清棵后15~20天（初花期后），结合中耕掩土填窝。

2. 苗期、中期管理

这是花生根系、枝叶迅速生长和大量开花、下针的时期。栽培管理中心是保持土壤疏松、灭茬清除杂草，争取多开花、多下针、多结果，主要措施是中耕除草。在四枝期（团棵）前后，或麦收后除茬进行第一次中耕，初花期进行第二次中耕，这两次中耕要求做到行间深、窝边浅、草除尽、不伤苗、不压枝；第三次中耕可在开花后25~30天进行，清理垄沟，培植垄边，清除杂草，为花生下针结果创造良好环境。在大雨后，最好进行浅中耕破土面，以免水分急剧蒸发，造成表土板结，同时也可对被冲刷的植株进行扶苗培土。

花生下针期进行人工除草，易将入土的果针或结成的幼果带出土面，对花生产量影响很大。在香附子和杂草严重的地块，可用药剂防除。亩用苯达松150克加盖草能50~80克对水50千克或精克草能40克对水30千克喷草，对花生无药害。

3. 中后期管理

此期花生的生育特点，是地上部茎叶生长茂盛至逐渐减慢直到衰老，地下荚果形成，籽仁迅速充实至成熟。栽培管理的中心任务是抗旱排涝防烂果，控制徒长保稳长，治虫保果夺丰产，防病保叶促果饱。

（1）抗旱排渍防烂果　花生开花下针期对缺水最敏感，若遇严重干旱，最好用清粪水灌窝，待土干后立即中耕破土。荚果充实期最怕水涝，对胀水地块应做好理沟排水，避免黄苗或烂果。

（2）控制徒长保稳长　“茎叶嫩绿节间稀，植株高大叶柄长，雨后天晴萎搭搭，六月底前早封行”是花生徒长的标志，对发生徒长的地块，亩用多效唑20~30克对水50千克喷叶，可抑制植株徒长，促使茎叶硬健。

（3）治虫保果夺丰收　危害花生的地下害虫主要有金针虫、蛴螬，在6月底或7月上旬，亩用3%辛硫磷或甲基异柳磷颗粒剂3~4千克拌细土撒窝，或用乳剂0.5千克对水400~500千克灌窝防治。防治金针虫时间应提早。

（4）防病保叶促果饱　在7月中下旬至8月上旬。亩用50%多菌灵50克、磷酸二氢钾150~200克（或用过磷酸钙2.5千克、草木灰3千克分别浸泡一昼夜，取其澄清液）、尿素0.5千克，兑水50千克叶面喷施，以防护叶斑病，保持足够的绿色叶面积，促进荚果饱满。

五、适时收获，安全贮藏

1. 花生成熟的标志

植株中下部叶片呈黄绿色，地下荚果果壳坚硬、网纹清晰，70%以上荚果成熟饱满，籽仁种皮呈品种固有颜色，或按生育期来确定成熟收获期，春播135～145天，夏播110～125天。

凡做种用的种子，最好单收单晒，并要求及时晒干（含水量10%以下），晒至咬成脆响、脱衣散瓣，即可贮藏。

2. 安全贮藏

花生贮藏应做到防鼠、防潮、防虫，切忌与农药、肥料同室同仓贮放。

第四节 花生地膜覆盖栽培技术

花生地膜覆盖栽培，是1978年从日本引进的一项实用新技术。在严格的控制条件下试验，覆膜栽培比露地栽培每亩增产花生果50～80千克，在大面积生产示范推广时，覆膜栽培起到主要技术措施的作用，带动了其他适用技术的推广，每亩增产100千克左右甚至更多。覆膜栽培能更好地发挥花生的高产潜力，是争创花生千斤高产的重要措施。

一、花生覆膜栽培增产的原因

1. 提高地温

地膜覆盖的增温效果很好、也有一定的保温作用。覆膜栽培的5~10厘米土层地温，播种至出苗期比露地栽培高2℃~3℃、积温增加25℃~26℃，出苗至开花期比露地栽培高1.5℃~2.0℃、积温增加35℃~37℃，中后期仍有一定增温效果。

2. 保持土壤水分

地膜覆盖，既能减少土壤水分蒸发，又能减少雨水渗入土层，具有干旱能保湿、雨多能防渍的作用，能保持土壤水分相对稳定。干旱期间覆膜栽培0~20厘米土层土壤湿度比露地栽培高9%~11%，多雨涝渍期间则低10%~20%，使土壤湿度基本上保持50%~70%范围内。

3. 保持土壤疏松

覆膜栽培能阻止土壤水分急剧蒸发，保持土壤水分相对稳定，从而避免土壤板结，保持土壤疏松。花生收获后测定，覆膜栽培土壤容重比露地栽培少0.18~0.20克/立方厘米、低14.4%~16.0%。

4. 加速土壤养分分解释放

由于覆膜栽培土壤疏松、水分适宜、地温较高，使土壤好气性微生物的活动增强，从而加快土壤养分分解释放，氮肥、钾肥的利用率提高45%以上，磷肥利用率提高20%以上。

5. 增加株间光照强度

地膜的反光性比地面好，覆膜栽培能更好地利用反射光。据山东省测定，晴天中午，覆膜栽培花生距地面15~30厘米处的反光率比露地栽培高3%~9.0%，株间反射光强度高1000~2000Lx（勒克司）。

6. 促进早生快发，改善经济性状

覆膜栽培由于改善了土壤条件和株间光照条件，能显著促进生长发育，改善经济性状。和露地栽培比较，覆膜栽培出苗期提早6~8天，出苗率提高3%~5%，开花期提早6~10天，成熟期（全生育期）提早7~9天，单窝成果数增加4个（9.9%），饱果数增加2.8个（9.1%），百果重增加9克（5.8%）。

二、整地施肥作垄

1. 整地

花生覆膜栽培对土壤条件有一定要求，以轻壤土、二沙土、夹沙土为宜，整地要求深、细，清除残茬和石块等杂物。

2. 施肥

覆膜花生施肥量可按每100千克花生果施氮2.5千克、磷52千克、钾2~2.5千克计算，计划亩产400~500千克，需施氮10~12.5千克、磷58千克、钾8~12.5千克，紫色土施钾量可偏少，潮沙土、红沙土、黄沙土施钾量应偏多。以氮计算农家肥施用量必须占50%以上。每亩用辛硫磷颗粒剂3~4千克，与肥料同时施用。按垄距定位，在垄厢正中开沟施肥，沟深8~10厘米，施肥后作垄盖肥。

3．作垄

垄距 80～83 厘米，垄高 10～12 厘米，要求垄土细碎，垄面整平或呈微拱形。

三、盖膜、播种

先盖膜后播种还是先播种后盖膜，要因时因地而定。

1．盖膜

将垄的两边斜铲下一层薄土，在垄面和垄边上喷上除草剂，盖上地膜，然后拉伸拉平，同时覆土压实膜边，随即铲下后一垄的垄边。

2．播种

先播种后盖膜的优点是保温、保湿效果好，缺点是出苗期破膜不及时就容易烧苗，而盖膜后打孔播种的优缺点正好相反。2 月底 3 月份早播的和缺水地块，宜采用先播种后盖膜，而 4 月份播种土壤水分又充足的地块，宜采用盖膜后打孔播种。打孔方法：孔径 3 厘米、深 4 厘米左右，可用有 1/3 缺口的竹筒打孔器打圆孔，或用扁铲打十字口。每垄播两行，距垄边 10 厘米挖窝或打孔，窝距 16～18 厘米，每窝播种 2 粒浸泡种子或催芽粉嘴种子。挖窝播种的盖平后覆膜：打孔播种的，应在播种孔上盖 4～5 厘米细土形成一个小土堆，以利幼芽顶土出膜。

四、田间管理

1．出苗期和幼苗期

搞好出苗期和幼苗期田间管理，是保证苗齐、苗全、苗壮的关键。一是破膜引苗。先播种后盖膜的，顶土时用小刀划十字口破膜，盖上细土；打孔播种的，出苗时要经常查看，把未能出膜的茎枝引出膜面。二是清棵促枝、治虫保苗，方法与露地栽培相同，关键是措施要及时。

2．中期

主要是控制徒长、防治病虫。覆膜花生的徒长、纹枯病、白绢病比露地花生重，应及时施药防治，施药方法与露地栽培相同。对有可能发生蛴螬为害的地块，应在6月下旬至7月初刨窝检查，发现有幼虫时，立即用木（竹）棍打孔灌药防治。

3．后期

主要是追肥、防病、保叶。覆膜花生如果是施用过多效唑的地块，容易早衰、病重、落叶。应从七月下旬开始，用速效氮、磷肥加多菌灵喷洒叶面，每10天左右喷一次（方法同露地栽培），以确保足够的绿色叶面积。

第五节　花生的优良品种

1．天府18

南充市农科所育成。全生育期135天，经2003～2004年区省试平均亩产286.2千克，比天府9号增产9.2%。株高34厘米，单株总分枝数8.2个，单株结果数14.1个。双仁百果重178克，百仁重75.5克，出仁率78.8%。籽仁脂肪含量51.74%，蛋白质含量26.

4%。抗倒力强，中抗叶斑病，不抗青枯病，适宜四川省花生产区种植。

2. 天府13

南充市农科所1993~1996年从江西抚州市农科所抚花2号中系选育成。属早熟大粒珍珠豆型高产品种。1997~1998年参加四川省区域试验13点次结果，平均亩产295.1千克，比天府10号增产16.8%；1999年四川省5点生产试验，平均亩产342.6公斤，比天府10号增产17.9%。该品种株型直立，连续开花，株高49.1厘米，分枝较少。荚果蜂腰型和蚕茧型，果壳网纹较深，果嘴不明显，双仁百果重225.9克，百仁重91.5克，出仁率76.5%。籽仁粗脂肪含量56.15%，蛋白质含量24.9%。春播生育期130天左右，夏播110天。抗倒性强，抗旱性较强，较抗叶斑病，种子休眠性中等。适宜四川省花生主产区非青枯病区种植，特别是城郊鲜食花生或作榨油基地推广。

3. 天府15

南充市农科所育成。全生育期135天，经2000~2001年区省试平均亩产332.1千克，比天府10号增产10.1%。属中间型早中熟大粒种，株型直立，分枝较多，籽仁脂肪含量49.75%，蛋白质含量25%。抗倒力强，较抗叶斑病，不抗青枯病，适宜四川省花生产区种植，不适宜青枯病区种植。

4. 天府14

南充市农科所用天府9号+海花1号杂交选育的中间型早熟中粒花生品种。经1997~1998年省内13点次试验，平均亩产 269.5 千克，比天府 10 号增产 6.5%；1999~2000 年全国（长江片）区试 22 点次试验结果，平均亩产 260.5 千克，比对照中花 4 号增产 9.51%。株型直立较矮，连续开花，分枝数较少。荚果普通型和斧头形，果壳网纹较浅，果嘴不明显。双仁百果重 177.9 克，百仁重 75.0 克，出仁率 78.8%。籽仁脂肪（干基）含量 48.16%，蛋白质含量 28.3%，脂肪蛋白总量 76.46%。春播全生育期 135 天，夏播 110 天左右。抗倒力强，较抗叶斑病和锈病，不抗青枯病，种子休眠性中等。适宜四川省平坝、丘陵非青枯病区种植。